医药高等职业教育本科规划教材

生物信息分析基础

（供生物技术、合成生物学、生物工程及食品类、药品类等专业用）

主　编　孙　妍

副主编　黎晶晶　范三薇

编　者　(以姓氏笔画为序)

孙　妍（浙江药科职业大学）

范三薇（浙江药科职业大学）

袁莉霞（浙江药科职业大学）

黎晶晶（浙江药科职业大学）

中国健康传媒集团
中国医药科技出版社　·北京

内 容 提 要

本教材以学生职业需求和社会发展为出发点，立足于"以学生为中心"的课堂模式，以职业本科发展为主线，奠定学生解读生物信息、探索生命奥秘的知识与技能基础，力争打造生动立体、互动性强的课堂，激发学生学习兴趣与主动性。全书包含学习生物信息分析所需的基础生物知识；核酸数据库、蛋白质数据库使用、序列比对以及分子系统发育与进化的实践内容；以及基因组学基础与蛋白组学基础的扩展知识模块。

本教材主要供高等职业教育（职业本科和高职高专）生物相关专业、药学相关专业的师生教学使用，也可以供相关从业人员基础培训使用。

图书在版编目（CIP）数据

生物信息分析基础/孙妍主编. —北京：中国医药科技出版社，2024.1（2025. 7 重印）.
医药高等职业教育本科规划教材
ISBN 978 - 7 - 5214 - 4356 - 1

Ⅰ.①生…　Ⅱ.①孙…　Ⅲ.①生物信息论 - 高等职业教育 - 教材　Ⅳ.①Q811.4

中国国家版本馆 CIP 数据核字（2023）第 250857 号

美术编辑　陈君杞
版式设计　友全图文

出版　**中国健康传媒集团**｜中国医药科技出版社
地址　北京市海淀区文慧园北路甲 22 号
邮编　100082
电话　发行：010 - 62227427　邮购：010 - 62236938
网址　www. cmstp. com
规格　889mm×1194mm $^1/_{16}$
印张　5 $^1/_2$
字数　153 千字
版次　2024 年 1 月第 1 版
印次　2025 年 7 月第 2 次印刷
印刷　北京京华铭诚工贸有限公司
经销　全国各地新华书店
书号　ISBN 978 - 7 - 5214 - 4356 - 1
定价　**39.00 元**

获取新书信息、投稿、为图书纠错，请扫码联系我们。

数字化教材编委会

主　编　孙　妍
副主编　黎晶晶　范三薇
编　者　（以姓氏笔画为序）
　　　　孙　妍（浙江药科职业大学）
　　　　范三薇（浙江药科职业大学）
　　　　袁莉霞（浙江药科职业大学）
　　　　黎晶晶（浙江药科职业大学）

前言 PREFACE

基因是地球上最美的分子语言，书写了生命的奥秘，蛋白质是自然中最神奇的大分子，构建了生命的美轮美奂。解析生命的奥秘，探索生命的真谛，是生物信息发展所肩负的一项重大使命。我们正处在生物学数据（DNA 序列、RNA 序列、蛋白质序列）呈爆炸性增长的时期，这也让探索生命的奥秘进入了新的征程，如何解析所得的生物数据变得至关重要。生物信息分析自此油然而生，这使我们能够以前所未有的方式解决生物问题。

生物信息分析是一门实践性和应用性较强的核心课程，属于生命科学和信息科学领域的应用型交叉学科。其以分子生物学数据为主要分析对象，利用信息技术的理论、方法和技术，进行采集、加工、存储分析和解读生物学信息，从而揭示大量而复杂的生物数据所蕴含的生物学奥秘。生物信息学是一门综合性的学科，它将生物学、计算机科学和数学等多个学科相结合，旨在利用计算机技术和数学算法来研究生物学问题。

本教材采用模块化的理念编写，分别为基础模块，包括生命的物质基础、生命的基本原则，为学生系统梳理学习本门课程所需的综合性基础知识，熟悉常见生物数据的来源及基本的遗传学和细胞生物学概念；实践模块，包含核酸数据库、蛋白质数据库、序列比对与序列数据库搜索工具及分子水平的系统发育和进化，充分结合生物技术企业实际需求，兼顾科学性与前瞻性、专业性与通用性，使学生熟练的掌握生物数据的检索、释义、比对并了解其在系统发育与进化中的作用；能力拓展模块由基因组学和蛋白质组学基础构成，在丰富学生对当代生物技术的理解与认知的同时，提升生物信息科学技术素养。

本教材每章末的本章实践项目根据实践能力层次设计基础实践项目，帮助学生夯实基础；情境模拟实践项目，在沉浸式教学方式下模拟企业的实际岗位，设计相应的实践项目，使学生身临其境的完成实践内容；拓展实践项目则是在分层教学的基础上为学有余力的同学设置的自我提升模块。

本书的编写得到了浙江省青年自然科学基金项目（Q20C050012）和浙江药科职业大学职业本科规划教材出版项目的支持。在编写过程中，参阅了国内外的相关书籍与文献。由于受编者水平所限，书中可能还存在一些纰漏之处，恳请读者、相关领域的工作者和专家批评指正。

编　者
2023 年 9 月

CONTENTS 目录

第一章　绪　论

20 世纪自然科学的三大工程，曼哈顿原子弹计划（Manhattan Project）、阿波罗登月计划（Apollo Program）、人类基因组计划（The Human Genome Project，HGP）都对自然科学技术的发展产生了多种形态的综合化影响。

HGP 通过测定人类基因中 ATGC 的组成及序列，提供了基因相关信息，发现了不同生物基因组之间的异同，回答了人类与其他物种在分子水平的差异性，帮助改进了诊断甚至治疗人类疾病的方式。HGP 破解了人类的基因密码，得到了海量的基因数据，但是并未完全破译。为了更全面的解析生命这本说明书，生物信息学应运而生。

学习目标

通过学习本章你应该能够：
- 能描述生物信息学。
- 能解释生物信息学的范畴。
- 具备学习生物信息学的基础知识。

1.1 生物信息学的定义

人类基因组计划第一个五年报告中给出了一个较为完整的生物信息学的定义：生物信息学是包含生物信息的获取、处理、贮存、分发、分析和解释的所有方面的一门学科，它综合运用数学、计算机科学和生物学的各种工具进行研究，旨在于阐明和理解大量数据所包含的生物学意义。

生物信息学是一门交叉学科，这里，为便于初学者理解，笔者将生物信息学简单的定义为使用计算机技术研究分析所得的生物学信息的学科。基于生物信息学的工具，如建立数据库、建立计算机算法等，可以帮助分析基因组测序和蛋白组或其他方法获得的海量序列与结构信息，进而揭示分子结构与功能、代谢通路、疾病的发生与发展以及生命进化相关的各类生物学问题背后的机制。

在学习生物信息分析的过程中，往往存在三个阶段。初级阶段是生物语言的翻译器，旨在对生物数据库内基因、蛋白质等生物分子的结构、功能进行初级的释义与分析。中级阶段则是对生物语言进行深层次的解析，掌握其表达的原则，并重新编辑语言。高级阶段则是根据已有的语言信息与表达规则，创造得到新的语言，而高级阶段的应用会在合成生物技术方面有长足的发展。

本书共有四个部分，第一部分（第 1 章）主要介绍生物信息学的内涵与研究范畴，同时帮助读者回顾涵盖生物化学、分子生物学及细胞生物学的基础知识。第二部分（第 2~3 章）主要介绍如何获取核酸与蛋白质的生物序列。第三部分（第 4~6 章）是对获取的序列信息进行比对，包括双序列比对及 BLAST 以及在分子水平上的系统发育进行概述。第四部分（第 7~8 章）以功能基因组学和蛋白质组学为切入点，介绍人类基因组与人类疾病。

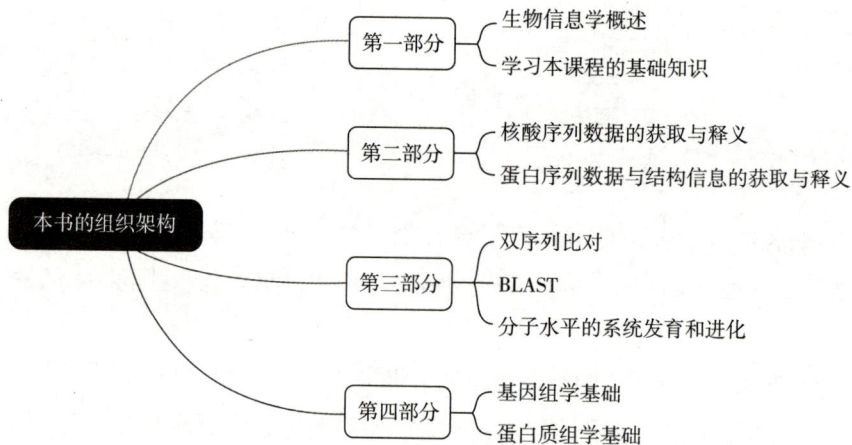

图 1-1　本书组织架构的思维导图

1.2 学习本课程必备的基础知识

学习生物信息学需要具有基础的生物化学、分子生物学和部分细胞生物学的相关知识才能在庞大的数据库中释义、分析、研究 DNA、RNA 或蛋白质等详细信息时得心应手。

1.2.1 生命的物质基础

我们的生命起源于一个受精卵，在人类的受精卵中携带了分别来自父亲和母亲的各 23 条染色体。染色体主要是由脱氧核糖核酸（DNA）和蛋白质构成，而基因则是具有遗传效应的 DNA 片段。

（1）核酸——携带遗传信息的载体。

"核酸"顾名思义，从细胞核内提取的具有酸性的物质。核酸是细胞内携带遗传信息的物质，在生物体的遗传变异中具有极其重要的作用。核酸（Nucleic Acid）包括两大类：一类是脱氧核糖核酸（Deoxyribonucleic Acid），简称 DNA；另一类是核糖核酸（Ribonucleic Acid），简称 RNA。

DNA 和 RNA 都是由核苷酸组成的生物链状大分子。核苷酸是核酸的基本组成单位，每个核酸分子是由少则几十个，多则上亿个的核苷酸连接而成的链状大分子。一个核苷酸是由一分子含氮碱基、一分子五碳糖和一分子的磷酸组成的。根据五碳糖结构的差异，核苷酸可分为脱氧核糖核苷酸（简称脱氧核苷酸）和核糖核苷酸（图 1-2）。DNA 是双螺旋结构，由两条脱氧核苷酸链构成，RNA 则由一条核糖核苷酸链构成。

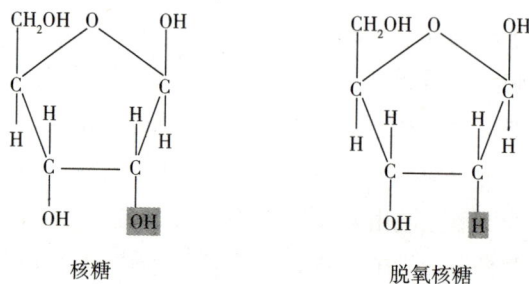

图 1-2　核糖与脱氧核糖

（2）基因——遗传的基本单位。

解旋每一条 DNA，会得到大量的碱基（Base），它们以不同的顺序排布在 DNA 上。碱基只有 4 种，

A（Adeuine）腺嘌呤、T（Thymine）胸腺嘧啶、G（Guauine）鸟嘌呤、C（Cytosine）胞嘧啶。A 和 T 以双键形成碱基对（Base Pair，bp）、G 和 C 以三键形成碱基对。大约 30 亿碱基对就组成了一个人的 DNA，即 30 亿个 ATGC 组成的碱基对决定了你是谁。

基因通常是有遗传效应的 DNA 片段，一个 DNA 分子上有许多个基因，每个基因包含特定的遗传信息。这些遗传信息蕴藏在 4 种碱基的排列顺序中，碱基的排序千变万化，构成了 DNA 的多样性，而碱基特定的排序，又决定了每个 DNA 的特异性。

DNA 双螺旋结构的主要特点有：①组成 DNA 的两条单链按反方向平行方式盘旋成双螺旋结构。②DNA 中的碱基通过氢键连接成碱基对（按 A＝T、G＝T），排列在内侧。③脱氧核糖和磷酸交替连接构成基本骨架，排列在外侧。

DNA 以碱基对的形式存储了遗传所需要的信息，RNA 则承担起了如何将这些信息表达成蛋白质的重要工作，即转录和翻译的过程。

（3）RNA——遗传信息表达的调控者。

RNA 是另一类核酸——核糖核酸，分子组成与 DNA 相似，也是由基本单位——核苷酸连接而成，含有 4 种碱基。与 DNA 不同的是，组成 RNA 的五碳糖是核糖而不是脱氧核糖（DNA 部分），组成 RNA 的碱基中没有 T（胸腺嘧啶），而是由 U（尿嘧啶）替换。RNA 一般是单链，且比 DNA 短，可以通过核孔，从细胞核转移到细胞质中。

常见的 RNA 有三种，从细胞核将 DNA 所含遗传信息转移到细胞质的被称为信使 RNA（mRNA）。mRNA 再"通知"转运 RNA（tRNA）转运蛋白质合成中所需的氨基酸，指导蛋白的合成，这一过程即为翻译。翻译过程需要在指定的场所进行，即核糖体，由核糖体 RNA（rRNA）与核糖体蛋白（r - Protein）所构成。核糖体是 rRNA 与蛋白质构成的蛋白颗粒（Ribonucleoprotein Particle），没有生物质膜包裹，性状不规则，直径为 25～30nm。

> 💡 **知识扩展**
>
> ### 染色质与染色体
>
> 　　真核生物的 DNA 主要分布在细胞核中，线粒体和叶绿体内也含有少量的 DNA，RNA 则主要分布在细胞质中。细胞核中的 DNA 与蛋白质紧密结合形成染色质（Chromatin），染色质是极细的丝状物，容易被碱性染料着色。光学显微镜下清晰可见的染色体（Chromosome）则是在细胞分裂时，细胞核解体，染色质高度螺旋化，进而缩短变粗而形成的圆柱状或杆状染色质。待细胞分裂结束时，染色体解螺旋成细丝状，再被包围于新形成的细胞核里。染色质和染色体是同一物质在细胞不同时期的两种存在状态。

（4）蛋白质——生命活动的执行者。

蛋白质是生命活动的主要承担者。从化学角度看，蛋白质是目前已知的结构最复杂、功能最多样的分子。蛋白质由氨基酸组成，人体中，组成蛋白质的氨基酸有 21 种，每种氨基酸至少含有一个连接了氨基（—NH₂）和羧基（—COOH）的碳原子（图 1－3）。这个碳原子还连接了一个氢原子和一个侧链基团（R）。各种氨基酸之间的差异取决于 R 基团。

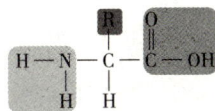

图 1－3　氨基酸分子通式

氨基酸分子之间通过脱水缩合完成连接（图 1－4）：一个氨基酸分子的氨基和另一个氨基酸分子的羧基相连，同时脱去一分子的水（H₂O）。这种方式所形成的化学键叫作肽键。由两个氨基酸缩合而成的化合物，称为二肽。以此类推，由多个氨基酸缩合而成，含有多个肽键的化合物则称为多肽（多肽常为链状结构，也被称为肽链）。

一种蛋白质含有的氨基酸数目可能成千上万，氨基酸的排列顺序千变万化，其形成的肽链、折叠方式及其空间构型千差万别。蛋白质结构的多样性使得其承担各种各样的功能，已知的蛋白质具有参与组成细胞结构、催化、运输、信息传递、防御等重要功能。可以明确地说，细胞的各项生命活动都离不开蛋白质。每一种蛋白分子都有与其所承担功能相适应的独特结构，一旦氨基酸序列改变或空间构型改变，就可能会影响其功能。

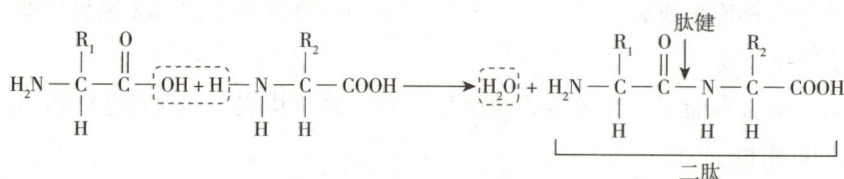

图 1-4　氨基酸脱水缩合示意图

💡 **知识扩展**

世界上第一个人工合成蛋白质的诞生

1965 年，中国科学院上海生物化学研究所、北京大学和中国科学院上海有机化学研究所的科学家通力合作，终于用人工方法合成了世界上第一个具有生物活性的蛋白质——结晶牛胰岛素。当时世界上最高的科研水平，也只是合成有 19 个氨基酸组成的多肽。而牛胰岛素是由 17 种、51 个氨基酸形成两条肽链而组成的。我国的科研团队经过 6 年 9 个月的不懈努力，终于完成了结晶牛胰岛素的人工合成，且合成的牛胰岛素具有与天然胰岛素一样的生物活性。中国科学家依靠集体的智慧和力量，摘取了人工合成蛋白的桂冠。

1.2.2 生命的基本原则

（1）碱基互补配对原则　碱基是组成 DNA 的基本单位之一，DNA 双链的反向平行特征决定了两条链中碱基间特有的连接方式。在 1947 年克里斯（James Michael Creeth）和他的导师古伦德（J. Masson Gulland）发表的文章中发现了 DNA 分子间通过氢键连接的证据，为确定 A 和 T 通过两个氢键相连，G 和 C 通过三个氢键相连提供了依据。1950 年，查戈夫（Erwin Chargaff）通过对碱基含量的研究发现，DNA 中的腺嘌呤与胸腺嘧啶的摩尔含量相等（A = T），鸟嘌呤和胞嘧啶的摩尔含量相等（G = C），且嘌呤的总量与嘧啶的总含量相等（A + G = T + C），即被誉为 DNA 语言的语法规则的查戈夫规则（Chargaff's Rules）。这些都为现代 DNA 双螺旋结构的确立奠定了基础。

在 DNA 的双螺旋结构中根据碱基互补配对原则可以推导出：①双链 DNA 分子中，互补碱基两两相等，即 A = T、G = C。②双链 DNA 分子中，嘌呤碱基总数等于嘧啶碱基总数。即若含 T，A ≠ T 或嘌呤 ≠ 嘧啶，则为单链 DNA。③双链 DNA 分子中，任意两个不互补的碱基之和恒等，即 A + G = T + C = A + C = T + G。等系列的等式，为基因工程技术提供了数学依据。

（2）DNA 的半保留复制　1953 年虽然提出了 DNA 双螺旋模型，但对 DNA 如何进行复制、双螺旋结构如何打开等问题尚未有定论。直到 1958 年米西尔逊 – 斯塔尔实验（Meselson – Stahl Experiment）证实了 DNA 的半保留复制模型，阐明了 DNA 复制时，双螺旋的两条链解开，并分别作为模板链指导相应互补链的合成。每个子代 DNA 的一条链来自亲代 DNA，另一条则是新合成的链。基于碱基互补配对原则，两个子代的 DNA 双链都和亲代 DNA 碱基序列完全一致，这种复制方式称为半保留复制，首次在分子水平上证明了 DNA 的半保留复制。

💡 知识扩展

DNA 半保留复制的实验研究

1958 年，Meselson 和 Stahl 在大肠埃希菌中，利用氮标记技术首次证实了 DNA 的半保留复制机制。首先在含 ^{15}N 标记的 NH_4Cl 培养基中使大肠埃希菌繁殖数代，使所有菌中的 DNA 被 ^{15}N 所标记。然后将细菌转入含 ^{14}N 标记的 NH_4Cl 培养基中培养，在不同代数时，收集细菌，用氯化铯（CsCl）密度梯度离心法观察 DNA 的密度变化。由于 ^{15}N 标记的 DNA 密度较 ^{14}N 标记的 DNA 密度大，在梯度密度离心时分布在不同区带。继续培养后发现子代杂合 DNA 的含量呈几何级数逐渐减少。当加热 $^{14}N-^{15}N$ 杂合 DNA 时，分开形成含 ^{15}N 和 ^{14}N 的 DNA 单链。实验结果证实了 DNA 的半保留复制。

（3）中心法则——遗传信息的流动准则 虽然 DNA 中存储了生命的遗传信息，但生命功能的执行者则是蛋白质。遗传信息从基因中被读取后用来指导蛋白质的合成过程是基因表达。地球上所有的生物这一过程都是相似的，分子生物学家称之为中心法则（Genetic Central Dogma）。

1957 年 9 月 19 日，弗朗西斯·哈利·康普顿·克里克（Francis Harry Compton Crick）在参加生物大分子复制讨论会上做了关于蛋白质合成的报告，首次提出了中心法则的假说（1958 年正式发表）。中心法则：遗传信息可以从 DNA 传递到 DNA，即 DNA 的复制；也可以从 DNA 传递到 RNA，进而形成蛋白质，即遗传信息的转录和翻译。随着研究的不断深入，科学家对中心法则做出了补充：少数生物（如一些 RNA 病毒）的遗传信息可以从 RNA 传递到 RNA，以及从 RNA 传递到 DNA（图 1-5）。

由 DNA 为模板，按其存储的信息指导合成一条 mRNA 的过程为转录（Transcription），转录是从 DNA 分子转录起点上游的特定序列开始的，这个部位被称为启动子。RNA 聚合酶的 δ 因子能识别启动子并与之结合，形成由酶、DNA 和核苷三磷酸（NTP）构成的三元转录起始复合物，转录由此开始。

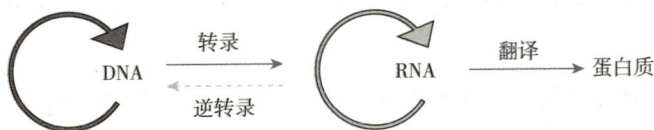

图 1-5 中心法则图解（-----> 表示少数生物的遗传信息流向）

以原核生物转录为例：当第一个核苷酸结合完成后，δ 因子即从转录起始复合物上脱落，核心酶连同四磷酸二核苷酸，继续结合于 DNA 模板上，酶沿 DNA 链继续前移，NTP 不断聚合，RNA 链不断延长。原核生物与真核生物延长的过程相似。当核心酶在 DNA 模板链上遇到终止信号后，则不再前进，转录产物 RNA 链从转录复合物上脱落，转录即终止。同时核心酶也从 DNA 模板链上脱落与 δ 因子结合重新形成全酶，开始新一条 RNA 链的合成。真核生物与原核生物转录过程的区别在于原核生物的 mRNA 不需要转录后加工可以直接翻译，而真核生物转录生成的 RNA 需要经过加工修饰后才能称为具有生物活性的 RNA。

具有生物活性的 mRNA 是蛋白质合成过程中氨基酸序列的模板。mRNA 的核苷酸序列与蛋白质中氨基酸序列之间的对应关系，被称为遗传密码（表 1-1）。mRNA 中三个连续的核苷酸可编码一种氨基酸，这种核苷酸三联体被称为密码子。表 1 – 1 中除 UGA、UAA、UAG 三个终止密码子（Stop Codon）外，其余 61 个氨基酸密码子均编码常见的 20 种氨基酸。其中，AUG 编码甲硫氨酸（也称为起始密码子，Start Codon），可作为多肽链合成的起始信号；色氨酸仅由 UGG 编码；其余的 18 个氨基酸具有多个密码子，这也被称为密码子的简并性（Degeneracy）。这种特性使 DNA 在复制或转录过程中，即使发生错误也不会使蛋白质的氨基酸序列受到影响，保障了遗传密码的可靠性。

表 1 – 1　64 种三联遗传密码编码的氨基酸

		U		C		A		G		
U	UUU UUC	Phe	UCU UCC	Ser	UAU UAC	Tyr	UGU UGC	Cys	U C
	UUA UUG	Leu	UCA UCG		UAA UAG	Stop Stop	UGA UGG	Stop Trp	A G
C	CUU CUC	Leu	CCU CCC	Pro	CAU CAC	His	CGU CGC	Arg	U C
	CUA CUG		CCA CCG		CAA CAG	Gln	CGA CGG		A G
A	AUU AUC AUA	Ile	ACU ACC	Thr	AAU AAC	Asn	AGU AGC	Ser	U C
	AUG	Met	ACA ACG		AAA AAG	Lys	AGA AGG	Arg	A G
G	GUU GUC	Val	GCU GCC	Ala	GAU GAC	Asp	GGU GGC	Gly	U C
	GUA GUG		GCA GCG		GAA GAG	Glu	GGA GGG		A G

在蛋白质翻译过程中，位于起始密码子和终止密码子之间的 DNA 或 RNA 序列，被称为开放阅读框（Open Reading Frame，ORF）。ORF 是基因预测的结果，并不是所有 ORF 都能表达出蛋白质序列，与 ORF 类似的蛋白质编码区（Coding Sequence，CDS）则是指能编码一段蛋白质产物的序列。

阅读框（Reading Frame）是由起始密码子决定的，只有当核糖体在正确的阅读框中阅读时，才能准确地进行翻译。一条 mRNA 可以有 3 种不同的阅读框。一条 DNA 序列，由于其双链中的任意一条都可能是编码链，因此有六个阅读框。

（4）演化——生命的基本原则　地球上生存着丰富多样的生物物种（Species），千姿百态。但在分子层面却有很多共同点，如大多数生物都以 DNA 为遗传物质，遵循同一遗传法则，利用碳水化合物完成生物代谢途径等。在分子层面拥有诸多相同或相似之处的原因，可能就在于生物的演化（Evolution）。我们的地球大约有 46 亿年历史，第一个生命大约在地球形成 12 亿年时产生。1859 年，达尔文出版了著作《物种起源》，首次提出了演化学说。至今，生命已从非常简单的形式，形成各种新的复杂的物种。在漫长的演化历程中，伴随着遗传信息的变异，即突变（Mutation）。这些突变是否会在种群（Population）中得以保留，则由自然选择（Natural Selection）决定，即我们熟知的适者生存（Survival of the Fittest）。毋庸置疑，演化是生物学的基本原则之一，也是学习生物信息学与基因组学的基础理论。

💡 **知识扩展**

霍格内斯盒

霍格内斯盒又称哥德堡－霍格内斯（Goldberg－Hogness）盒或 TATA 盒，是构成真核生物启动子的元件之一，多数真核基因转录起始位点上游 25～32bp 处的一段富含 AT 序列的同源区域。其顺序及各碱基出现的频率为：$5'-T85A97T93A85A63A83A50-3'$，其主要功能为保证转录的正确定位。

【给学生的学习建议】

及时练习，寻找一个基因，研究一个蛋白质。

1. 学生可以选择一个感兴趣的基因：

（1）简述该基因的基础信息，如它的大小、简明注释、特征关键词 CDS 等。

（2）简述该基因的序列比对结果，寻找其同源性，并预测其生物学功能。

（3）简述该基因的生物学意义，如其与疾病发生发展的关系等。

2. 学生可以选择一个感兴趣的蛋白质：

（1）简述该蛋白质的基础信息，如它的氨基酸序列，三维结构等。

（2）简述该蛋白质的生物学功能，如催化、载体等。

（3）简述该蛋白质参与的生物学过程，如细胞分裂、生长、衰老等。

了解我国生物信息学发展的现状，列举分享一个或多个你感兴趣的生物信息学研究成果，并说说其对现实生活可能产生的影响。

本章实践项目

【基础实践项目】

请画出本章中生物学基础知识的思维导图

【情境模拟实践项目】

请分析生物信息分析对生物学发展的作用与意义。

【拓展实践项目】

请分析 20 世纪自然科学三大工程对人类生活的影响。

书网融合……

题库

第二章　核酸数据库

核酸是已知生命形式必不可少的遗传物质，核酸研究涵盖有关核酸的物理、化学、生物化学和生物学等多个方面，与核酸代谢、基因调控、基因组学、结构生物学息息相关。如何检索、释义、分析、下载核酸相关信息，是学习生物技术相关专业学生、从事生物技术行业人员的必备职业技能。掌握核酸数据库的使用方法，不仅能培养解读核酸语言，解析生命发展，探索生命奥秘，同时可为发展我国生物技术、促进建立完善我国生物数据库奠定理论与实践基础。

学习目标

通过学习本章你应该能够：

- 能在 GenBank 数据库中查询、释义及下载目的基因信息。
- 通过自主探究和合作交流能解读并整合基因信息。
- 能描述数据库中基因的核心信息，结合相应文献揭示其功能。

数据库是生物信息的"图书馆"，是在分子水平上进行科学研究的基础。有哪些数据库集中存储了 DNA 序列数据？这些数据被如何存储？回答这两个问题，我们需要从 1982 年至今负责核酸序列存储的三个主要数据库来进行介绍（图 2 - 1）。它们分别是：NCBI 的 Genbank；欧洲分子生物实验室的 EMBL - Bank；以及日本 DNA 数据库的 DDBJ。三个数据库组成了国际核酸序列数据库（International Nucleotide Sequence Database Collaboration，INSDC），它们之间共享、

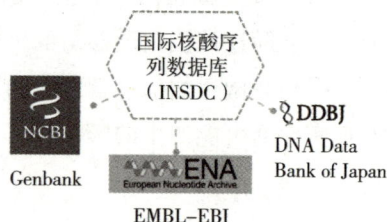

图 2 - 1 　INSDC

交换，同步更新信息，同时负责制定规范化数据格式，报告核酸序列的最简信息，促进全球范围内数据共享。研究人员可以直接向上述三个数据库的序列储存库提交序列信息。序列的质量控制是通过提交时所必须遵循的提交指南得到保证，并通过如 RefSeq 数据库得到进一步的优化。

知识扩展

参考序列数据库

参考序列（Ref Seq）是 NCBI 建立的一个旨在为每一个基因的正常（即无突变）转录本和正常的蛋白质产物提供最有代表性的序列。RefSeq 提供了巨大的、多物种的、人工注释和审核的序列数据，明确地关联了染色体、转录本和蛋白质产物信息，将序列、遗传、表达和功能等信息整合为一个单一、一致且具有标准协议的数据集合。RefSeq 是一个非冗余的 DNA、RNA 和蛋白质的数据集合，序列质量可靠。经过人工审查的序列一般标记为"REVIEWED"或"VALIDATED"。

【NCBI 综合数据库】

NCBI（National Center for Biotechnology Information）建立了公共数据库，进行计算生物学研究（图 2 - 2）。NCBI 是现今世界上最大的基于互联网的生物医学研究中心，旨在通过研发新的信息技术，提供

biomedical（生物医学）和 genomic（基因组）信息，以帮助理解控制健康和疾病的基础分子和遗传过程来推进科学和健康事业。其涵盖的资源除 Genbank 还包括如下内容。

（1）Pubmed　是由 NLM（National Library of Medicine）提供的检索服务，涵盖来自 MEDLINE 和其他相关数据库的引用信息。

（2）Entrez　是一个联合搜索引擎，其将核酸、蛋白序列、蛋白三维结构、文献及研究数据集整合成一个紧密偶联的系统。让用户能一次检索 NCBI 网站上的综合数据。

（3）BLAST（Basic Local Alignment Search Tool）　是 NCBI 为比对核酸和蛋白序列相似性而设计的检索分析工具。BLAST 由一套相似性搜索程序组成，可以直接获得序列比对结果，无论是核酸还是蛋白质。此内容我们将在第五章讨论。

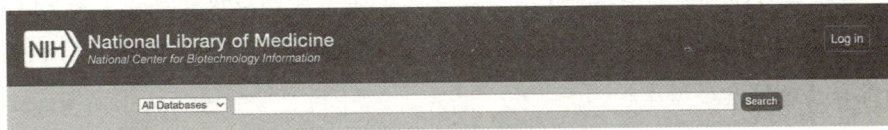

图 2 - 2　NCBI 检索页

【CNCB 综合数据库】

CNCB（China National Center of Bioinformation）是我国的国家生物信息中心，旨在促进全球生物信息的汇交、存储、管理，帮助生物信息前沿交叉研究与应用转化（图 2 - 3）。CNCB 提供包括数据资源、计算分析、科学研究、文献情报等多方面的数据与服务。其中的国家基因组科学数据中心（National Genomics Data Center，NGDC）还包含特色资源数据库。

（1）组学原始数据归档库（GSA）　是组学原始数据汇交、存储、管理与共享系统，是国内首个被国际期刊认可的组学数据发布平台。目前已整合 INSDC 组学数据，提供统一检索、数据下载及数据导向服务。

（2）基因组仓库（GWH）　存储各个物种的基因组数据，并提供一系列用于基因组数据提交、存储、发布和共享的 web 服务。

（3）基因组变异图（GVM）　是基因组变异的公共数据存储库，包括单核苷酸多态性及小插入和缺失，特别关注人类以及栽培植物和家养动物。

（4）基因表达数据库（GEN）　是转录组图谱的数据库，数据源于多个物种的体细胞核单细胞 RNA - Seq 数据分析。

（5）甲基化数据库（MethBank）　包含不同物种 DNA 甲基化信息。

图 2 - 3　CNCB 主页

💡 **知识扩展** ┄┄┄┄┄┄┄┄┄┄┄┄┄┄┄┄┄┄┄┄┄┄┄┄┄┄┄┄┄┄┄┄┄┄┄┄

一级数据库和二级数据库

生物信息学数据库大致可分为两类：一级数据库（primary database）和二级数据库（secondary database）。一级数据库存储原始的生物数据，即数据源于实验室获得的数据，仅经过简单的归类整理和注释。常用的有一级核酸数据库 Genbank、EMBL 和 DDBJ 等；一级蛋白数据库则有 SWISS - PROT、PIR 等。

二级数据库也称为专门数据库，是在一级数据库的基础上，根据不同领域的研究需要，对原始的生物数据进行整理和归类，结合理论分析，针对特定的生物目标而衍生出的数据库，如 RefSeq 数据库、表达序列标签数据库 dbEST 等。除此之外还有一些专用数据库，如 KEGG（京都基因与基因组百科全书，Kyoto Encyclopedia of Genes and Genomes）是关于基因、蛋白、生化反应及信号通路的综合生物信息数据库等。

2.1 GenBank 数据库

GenBank 是一个全面的核苷酸序列的公共数据库，是所有已知公开的核酸序列注释集合，也包括绝大多数已知公开的蛋白质序列，其数据主要由用户提交。Genbank 还包含文献和生物学注释信息。GenBank 中的数据可以从美国国立卫生研究院的生物信息研究中心免费获取。

GenBank 的数据每一个记录代表一个单独的并附有注释的核酸片段，并以固定的格式文件保存。GenBank 格式是最早的生物信息学数据格式之一。一般来说，GenBank 数据库中的记录可以分为三个部分，第一部分是对整个核酸信息的概述，包括对序列的简要描述、序列名称、物种来源、参考文献等。第二部分是注释这一记录的序列特征（Feature），包含对序列生物学特征的注释，如基因信息、编码区、蛋白质产物及序列等。第三部分是核苷酸序列本身的信息（ORIGIN），此部分记录格式必须以"//"结束（附表 2 - 1）。

下面以 GenBank 网站提供的一个样本文件酿酒酵母（U49845）为例，详细讲解 GenBank 记录格式文件。第一部分：头部分（HEAD），第二部分：序列特征（FEATURE），第三部分：序列的原始数据（ORIGIN）。

2.1.1 第一部分

头部分（HEAD）含有整个核酸的综合信息，分不同的字段进行说明，每个字段位于左侧第一列（图 2 - 4）。

第一行 LOUCS 是序列的简要描述，类似于名片，从左到右依次是序列名称或基因座名称、核酸序列长度、核酸分子的类型、拓扑类型、物种来源以及更新日期，图 2 - 4 中序列名称即为 SCU49845，序列长度为 5028bp、核酸分子类型为 DNA，拓扑类型是线性、物种来源为 PLN（植物、真菌和藻类）（附表 2 - 2）。

LOCUS 下面的 DEFINITION 简明注释了 DNA 序列的来源物种和已知基因或蛋白质的名称。图 2 - 4 中 DEFINITION 表示此序列来自酿酒酵母，基因序列编码三个蛋白质 TCP1 - beta、Axl2p 和 Rev7p。该 DNA 包含 TCP1 - beta 的部分序列（Partial Cds）和另外两个基因的完整序列（Complete Cds），cds（大写字母 CDS）表示蛋白编码序列（Coding Sequence），即表达蛋白质的核酸序列。

```
LOCUS          SCU49845        5028bp      DNA    linear    PLN 29 – OCT – 2018
DEFINITION     Saccharomyces cerevisiae TCP1 – beta gene, partial cds; and Axl2p
               (AXL2) and Rev7p (REV7) genes, complete cds.
ACCESSION      U49845
VERSION        U49845. 1
KEYWORDS       .
SOURCE         Saccharomyces cerevisiae (baker's yeast)
ORGANISM       Saccharomyces cerevisiae
               Eukaryota；Fungi；Dikarya；Ascomycota；Saccharomycotina；
               Saccharomycetes；Saccharomycetales；Saccharomycetaceae；
               Saccharomyces.
REFERENCE      1   (bases 1 to 5028)
AUTHORS        Roemer, T. , Madden, K. , Chang, J. and Snyder, M.
TITLE          Selection of axial growth sites in yeast requires Axl2p, a novel
               plasma membrane glycoprotein
JOURNAL        Genes Dev. 10 (7), 777 – 793 (1996)
PUBMED         8846915
REFERENCE      2   (bases 1 to 5028)
AUTHORS        Roemer, T.
TITLE          Direct Submission
JOURNAL        Submitted (22 – FEB – 1996) Biology, Yale University, New Haven, CT06520, USA
```

图 2 – 4 GenBank 示例格式文件第一部分

DEFINITION 下面的词是 ACCESSION 是数据库编号，即检索号，每条记录的检索号在数据库中是唯一且不变的。对于研究的热点核酸序列，可能会存在多个检索号，但多个检索号之间会有链接，并在 Comment 部分进行注释说明。其中比较特殊的是，经专家人工注释的 RefSeq 数据库中记录的检索号与其他序列不同，采用两个字母加下划线后再加数字的方式表示，如 NM_ 006744 代表 mRNA 序列；NP_ 006735 代表 protein 序列；NC_ 123456 代表 Genome 序列等。

VERSION 是数据的版本号，其格式是检索号. 版本号。主要用于识别数据库中一条单一的特定核苷酸序列。数据更新后版本号会改变，而检索号不变。图 2 – 4 中的 U49835.1 中的小数点后的"1"即为版本号。

KEYWORDS 是描述核酸条目的关键词，可用于数据库检索，一般包含序列的基因产物及其他相关信息，由序列的提交者提供，如没有任何内容则此处就一个"."。

SOURCE 是核酸序列的物种来源，子条目 ORGANISM 是对所属物种更详细的描述，以 NCBI 的分类数据库为依据的科学分类。图 2 – 4 中物种来源是酿酒酵母，子条目 ORGANISM：Eukaryota（真核）；Fungi（真菌界）；Dikarya（双核亚界）；Ascomycota（子囊菌门）；Saccharomycotina（酵母亚门）；Saccharomycetes（酵母菌纲）；Saccharomycetales（酵母目）；Saccharomycetaceae（酵母科）；Saccharomyces（酿酒酵母）。

REFERENCE 则是序列的参考文献，此部分会列出与序列数据有关的参考文献，第一位的常常是最先发表的文献。若文献收录于 PubMed 数据库，则会附以链接可以直接查看。

有些数据中还包括"COMMENT"，即无法归入前面几项的内容，如图 2 – 5 所示。

GenBank

Homo sapiens insulin (INS), transcript variant 3, mRNA

NCBI Reference Sequence: NM_001185098.2

FASTA Graphics

```
COMMENT     REVIEWED REFSEQ: This record has been curated by NCBI staff. The
            reference sequence was derived from BP322143.1, AC132217.15 and
            BM510347.1.

            On May 18, 2020 this sequence version replaced NM_001185098.1.
```

图 2-5 GenBank 数据库中人胰岛素（INS），转录变体 3，mRNA 中的 comment 一部分

2.1.2 序列特征部分

序列特征部分（FEATURE）则是核酸信息的重要注释，包括核酸序列中已确定的基因、mRNA 及其基因产物，以及与其相关的其他生物特征信息（图 2-6）。此部分为两列显示，第一列是特征关键词（Feature key），第二列是序列定位（Location）与限定词（Qualifiers）。图 2-6 的中特征关键词有：source、mRNA、CDS、gene。Source 通常包含序列范围，来源生物和定位等信息；mRNA 包括转录信息；CDS 表示蛋白编码序列；gene 表示完整基因序列的位置。还有一些核酸记录中还列出了 promoter，即启动子的位置；Misc_ feature 是一些杂项；RBS 是核糖体结合位点的位置等相关信息。

（1）source 其描述限定词的内容在“=”后面。如图 2-6 中序列的完整范围即 1-5028。限定词是 organism（物种），其限定词描述为 Saccharomyces cerevisiae（酿酒酵母）；限定词 mol_ type =" genomic DNA 即次序列为基因组 DNA；db_ xref 表示在物种分类数据库中的交叉索引号是 4932；chromosome =" IX" 即在第 9 号染色体上。

```
FEATURES            Location/Qualifiers
source              1..5028
                    /organism = " Saccharomyces cerevisiae"
                    /mol  type = " genomic DNA"
                    /db_ xref = " taxon: 4932"
                    /chromosome = " IX"
mRNA                <1..>206
                    /product = " TCP1 - beta"
CDS                 <1..206
                    /codon_ start = 3
                    /product = " TCP1 - beta"
                    /protein_ id = " AAA98665.1"
                    /translation = " SSIYNGISTSGLDLNNGTIADMRQLGIVESYKLK
                    RAVVSSASEAAEVLLRVDNIIRARPRTANRQHM"
gene                <687..>3158
                    /gene = " AXL2"
```

mRNA	<687..>3158
	/gene = " AXL2"
	/product = " Axl2p"
CDS	687..3158
	/gene = " AXL2"
	/note = " plasma membrane glycoprotein"
	/codon_ start = 1
	/product = " Axl2p"
	/protein_ id = " AAA98666.1" /translation = " MTQLQISLLLTATISLLHLVVATPYEAYPIGKQY PPVARVNESFTFQISNDTYKSSVDKTA......."
gene	complement（<3300..>4037）
	/gene = " REV7"
mRNA	complement（<3300..>4037）
	/gene = " REV7"
	/product = " Rev7p"
CDS	complement（3300..4037）
	/gene = " REV7"
	/codon_ start = 1
	/product = " Rev7p"
	/protein_ id = " AAA98667.1"
	/translation = " MNRWVEKWLRVYLKCYINLILFYRNVPPQSFDYTTYQSFNLPQFVPINRHPALIDYIEELIL...."

图 2 - 6 GenBank 格式文件序列特性部分

（2）mRNA 是对应序列部分的信使 RNA 及其编码的蛋白产物名称，图 2 - 6 中第一个 mRNA：即 1 - 206 序列，是 TCP1 - beta 的部分蛋白编码序列，其产物为 TCP1 - beta。

表 2 - 1 DNA 正反链中起始密码子的位置

	REV		
	4035	4036	4037
显示的序列	5′c	a	t3′
反向互补序列	3′g	t	a5′
编码的氨基酸	MET		

（3）CDS CDS 部分是重要的基因特征，一般包含基因名称、编码起始序列、蛋白产物的 ID 及氨基酸序列。完整 CDS 序列前三个核苷酸为起始密码子 ATG，编码甲硫氨酸。但有时序列中并不是完整的蛋白质编码序列，当 CDS 表示一部分蛋白序列时即 partial cds，核苷酸数字范围将会以 "<" 开头或以 ">" 结尾。如图 2 - 6 中的 <1..206 表示此记录不包括编码此蛋白前面部分的 DNA 序列，因此是 partial cds。同样如末尾有 ">" 符号则表示 CDS 序列不包含编码此蛋白质序列末尾部分。此记录中 codon_ start = 3 是指序列编码的第一个氨基酸即 Ser（Translation）是从序列（1 ~ 206）中的第三核苷酸开始的。此记录中缺失上游序列，没有起始密码子，故第一个氨基酸不是甲硫氨酸（M），终止密码子的最后一个核苷酸的位置是 206。

（4）特征关键词 gene 图 2 - 6 中第一个 gene 特征关键词，这个基因名为 "AXL2"，位置为 687 ~

3158。其特征词 CDS 范围没有符号"<"或">"，表示该 CDS 是完整的，从下面翻译（Translation）中的氨基酸序列也能看到第一氨基酸是甲硫氨酸（M），此基因的编码起始于 687 位，产物为 Axl2p，相应的 protein_ id = " AAA98666.1。

另一个基因是"REV7"，其核苷酸范围在 3300 ~ 4037，而数字前面的"complement"表示这段 DNA 序列的编码链在互补链（Complementary Strand）上，即编码核苷酸序列是 ORIGIN 中 687 – 3158 的反向互补链序列，注意方向是反的。如表 2 – 1 所示在反向互补链上的起始密码子 5′ – ATG – 3′，方向变为从 3′ – GTA – 5′。

2.1.3 原始记录（ORIGIN）

GenBank 记录的第三部分记录的为整个核酸序列，序列显示在 ORIGIN 下面，并以"//"符号结尾，表示序列结束。

💡 知识扩展

酿酒酵母

酿酒酵母是一种出芽酵母，是生物学中最重要的生物之一，因其紧凑的基因组大小和结构而被选中成为第一个被测序的真核生物基因组。它在至少 1 万年前就被人类驯化，也常被称为啤酒酵母或面包酵母，能够将葡萄糖发酵为乙醇和二氧化碳。酿酒酵母的很多特征在人类细胞中是保守的，因此被用于生物化学、遗传学、分子和细胞生物学等方面的研究，已成为基础研究的一个有力工具。

2.2 RNA 数据

在核酸数据库中 RNA 层面的数据主要包括：与表达基因相对应的 cDNA 数据库、表达序列标签（ESTs）及特异基因（UniGene）。

（1）与表达基因相对应的 cDNA 数据库　遗传信息的流动一般都是由 DNA 转录成 RNA。如果通纯化组织中的 RNA 后，以其为模板转化为更稳定的互补 DNA（cDNA），即 RNA 经过反转录过程。cDNA 与 DNA 的区别在于不含内含子。许多 cDNA 分子组成一个 cDNA 文库。

（2）表达序列标签（Expressed Sequence Tag，EST）　是生物体中表达基因的一段 cDNA 序列。通常 EST 是随机选择的单链测序的 cDNA 的克隆，一个 EST 是一个 cDNA 克隆的一部分 DNA 序列，长度通常在 300 ~ 800bp。表达序列标签数据库（dbEST）是 GenBank 的一个子库，它收录了一系列物种中的"单次测序"的 cDNA 序列数据的相关信息。一个 EST 是一个 cDNA 克隆的一部分 DNA 序列。目前 GenBank 把 EST 分为三大类：人类、小鼠和其他生物。

（3）特异基因（UniGene）　是对大量 EST 数据进行整合产生的数据库，通过把 EST 自动分成不冗余的集合从而衍生出基因源簇。通过 UniGene 可以获得基因的表达部位、时期、表达丰度等信息。

💡 知识扩展

生物医学文献的获取

美国国家医学图书馆（NLM）是目前全球最大的医学图书馆。其医学文献分析和联机检索系统 MEDLINE 收录了来自超过 5600 个生物医学期刊的文献，可通过 NCBI 中的 Pubmed 数据库免费访问。

2.3 GenBank 数据库检索

如对某一特定的 DNA 或基因感兴趣，可以前往 NCBI Nucleotide（GenBank）或 NCBI Gene 进行查找。以人胰岛素（Insulin）基因为例，在 GenBank 中查找方法如下。

2.3.1 序列查询与结果展示

（1）打开 NCBI 的主页，在 All database 中选择 "Nucleotide"，在检索框中输入 "insulin" 后会得到如图 2 - 7（A）所示的多条结果（截至 2023 年 05 月 24 日）。

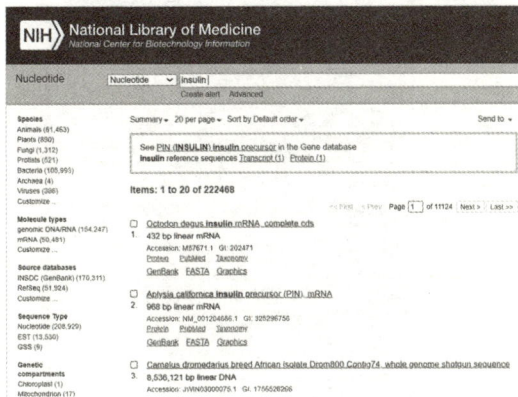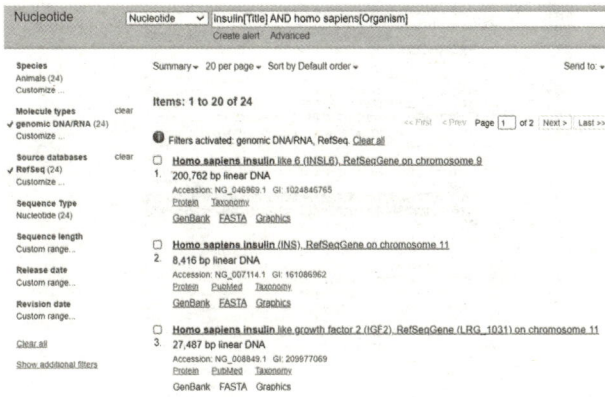

（A） （B）

图 2 - 7 Genbank 中检索 insulin 的多条结果（A），加入限定条件后的少量结果（B）

（2）检索人胰岛素则需要在检索框中输入限定词即，insulin［Title］AND homo sapiens［Organism］（AND 必须大写）。同时在左侧的筛选栏中限定 Molecule types 为 genomic DNA/RNA；Source databases 限定为 RefSeq，则只剩 24 个条目（截至 2023 年 05 月 24 日）（图 2 - 7B）。

（3）此 24 条结果中 "Homo sapiens insulin like" 相关的有 16 条，"Homo sapiens insulin receptor" 相关的有 5 条，还有 1 条是与 insulin degrading enzyme 相关，1 条是 "Homo sapiens insulin repeat instability region"，最后一条就是要查找的人胰岛素基因序列（图 2 - 8）。

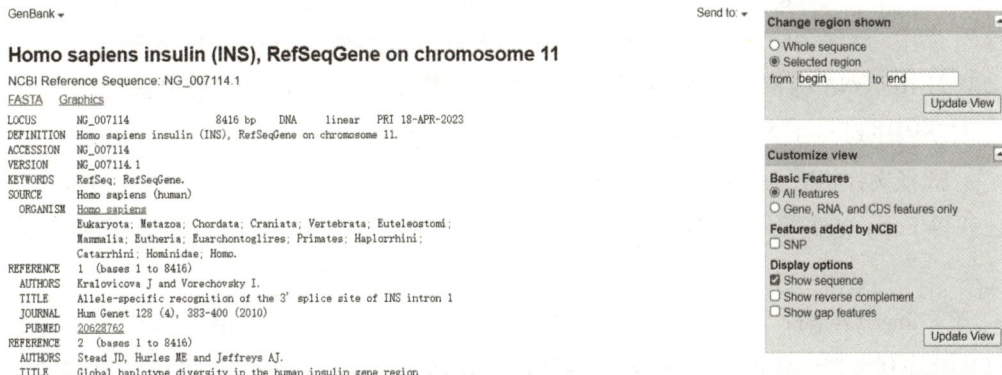

图 2 - 8 人胰岛素基因序列检索结果

（4）如只需显示 DNA 序列则可以点击 FASTA 链接，其格式内只包括序列。FASTA 格式下也可以选择 Graphics 链接，则可以显示基因的结构与位置等图形信息，可放大或缩小便于显示基因的内含子与外显子。

（5）如只需要查看 Gene、RNA 和 CDS 的内容，则可以在右侧的 Customize view 中选择该选项。

如已知待查找基因的基因名或 Locus 则可以直接在 NCBI 检索框内检索，可以更快地得到想要的结果。

2.3.2 序列下载

如需下载全部人胰岛素的基因序列可以直接复制 FASTA 格式下的序列信息，也可以点击 Send to，根据需要选择。

如要下载此基因中编码蛋白质的核苷酸序列，则可点击 Feature 部分的任意一个 CDS 链接则会出现如图 2-9 所示结果。如需下载则可点击右下角 Display 中的 FASTA，可复制下载。

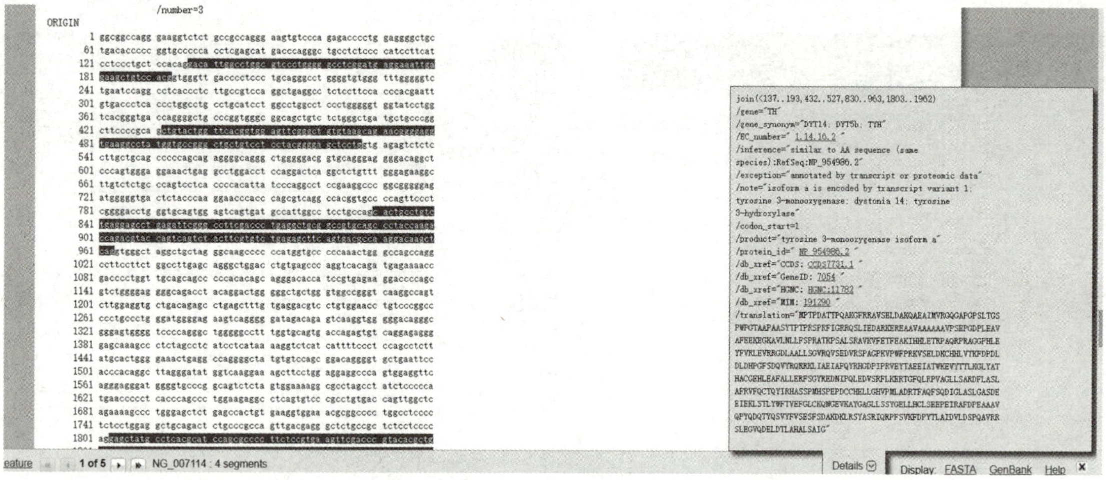

图 2-9　人胰岛素中 CDS 链接的显示结果

2.3.3 PCR 引物设计

若要在体外表达目的基因则需要借助 PCR 技术。PCR 技术中引物设计是实验成功的前提条件。引物不仅起到 DNA 的复制起始的引导作用，限定了 PCR 的扩增区域及产物片段大小，而且决定了 PCR 扩增的特异性。即 PCR 实验中 DNA 的合成过程均以两个引物的特异结合位点为起始点，产物为含引物序列的一对引物之间的 DNA 片段。PCR 引物设计是利用计算机软件，根据输入的引物对应设计参数（如：PCR 扩增的区域、PCR 产物的长度、PCR 的退火温度、引物的 GC 含量等），测算出全部的候选引物，接着对每一对引物可能出现的自身发夹结构、引物间的错配引物和模板间的错配等情况进行量化评分，在综合全部因素后，软件会给出最佳的引物组合，从而快速、有效地从模板 DNA 序列中扩增出目的片段。以细菌基因 16SrDNA 为例，在 NCBI 数据库中按上述检索并获得其序列结果具体如下。

（1）获取基因序列　在 NCBI 网站中检索到细菌 16SrDNA，点击 GenBank 按钮，点击 "send to"，选择 "File"，选择文件格式为 "fasta"，点击生成文件 "Create File"（图 2-10）。下载完成后，找到对应文件夹，获得 Fasta 文件形式的 "sequence" 序列可以根据序列名称进行重命名，并保存到相应的文件夹。

（2）打开 Primer Premier 5 软件设计引物　导入基因序列。方法一：选择 "File" 按钮下的 "New"，再根据要求选择序列类型，例如 DNA 序列，则选择 "DNA sequence"（图 2-11）。复制 "fasta" 文件中的基因序列，利用 Ctrl + V 粘贴入对话框，选择 "As is"，点击 "OK"，载入序列。方法二：通过双击打开 Primer Premier 5，选择 "File" 按钮下的 "Open"，再根据要求选择序列类型，例如 DNA 序列，则选择 "DNA sequence"，选择序列所在的文件夹，利用 "Add > >" 按钮，载入需要设计引物的 DNA 序列（图 2-12）。

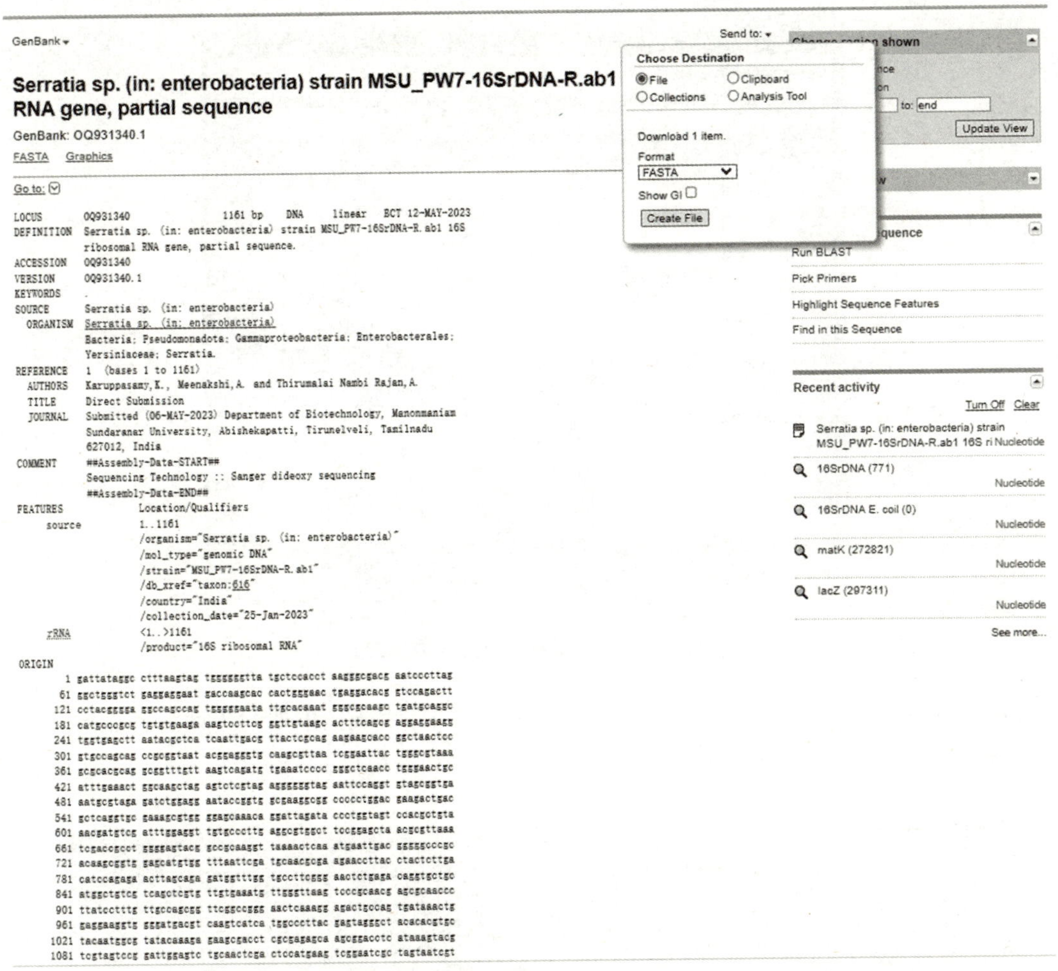

图 2 - 10   序列下载

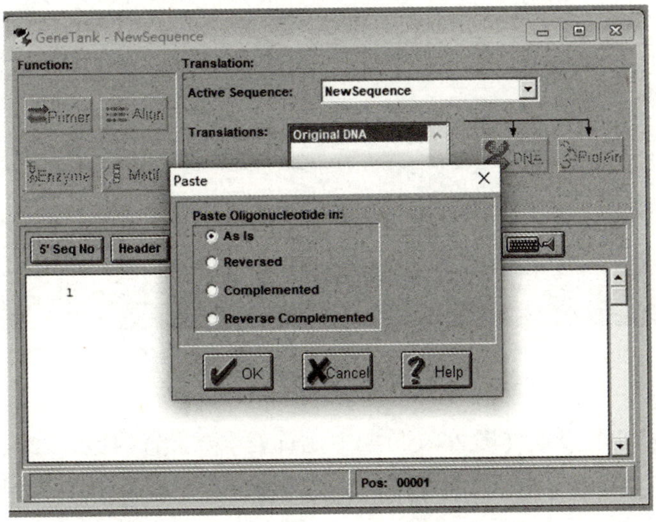

图 2 - 11   基因序列导入界面（方法一）

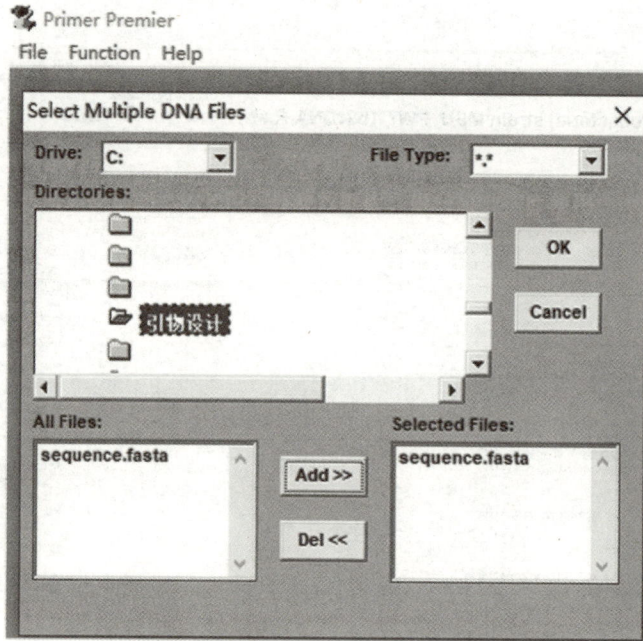

图 2-12　序列载入界面（方法二）

（3）Primer 设置　点击下图（图 2-13）的 primer 选项，出现图中所示界面，再点击"search"出现图 2-13 所示界面。

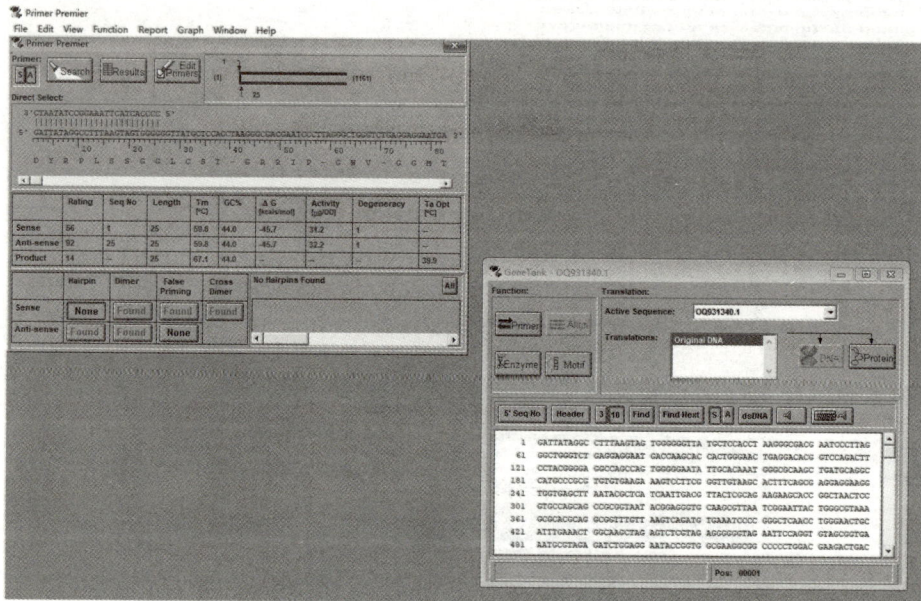

图 2-13　引物设计界面

根据引物需求，选择相关设置（图 2-14），主要有五个要设置的地方。

第一栏是选择设计的 PCR 引物，例如普通 PCR 引物、荧光定量 PCR 引物、测序引物和杂交探针等，这里选择第一个"PCR Primers"。

第二栏是选择搜寻的类型，一般情况下搜索引物以成对形式搜索，所以一般选"pairs"。

第三栏是上下游引物的所在区间以及扩增产物的大小长度，根据要求进行选择，如果做普通 PCR，一般以默认的参数就可以了，如若不是，可根据实验的需求自行设定。

第四栏是引物长度以及正负波动值，一般来说引物长度在 18~26bp 范围内，根据实验要求自行调整。

第五栏是选择模式，一般选"Automatic"。设置完上面所说的这些地方后按"OK"键，则跳转到新界面（图2-15），再点击 OK。

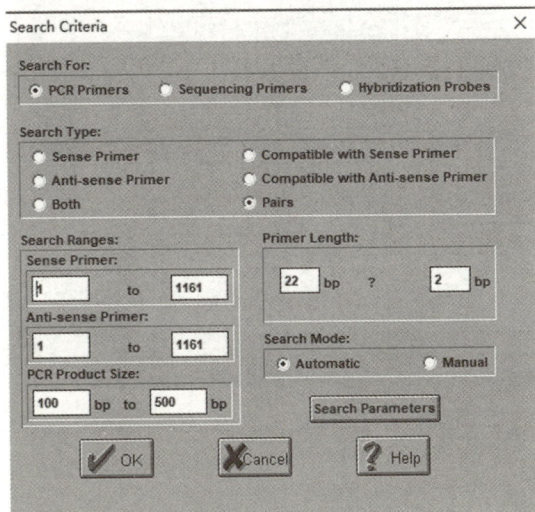

图2-14 引物设置界面

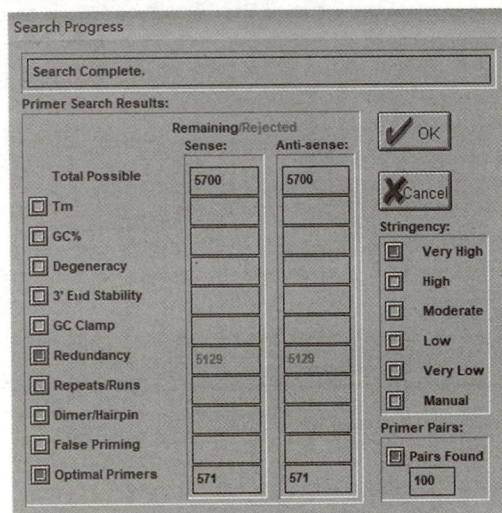

图2-15 引物设计参数设置确认界面

（4）引物的选择 图2-16左上角的图片中两个按钮和分别代表的是正向引物和反向引物。图中给出了引物的得分，所在的位置，产物的长度，Tm 值，GC 含量和自由能等信息。在图最下面模块中给出了正反引物是否会形成发夹结构、二聚体、错配以及引物之间是否存在二聚体等情况，红色代表有，黑色代表无。

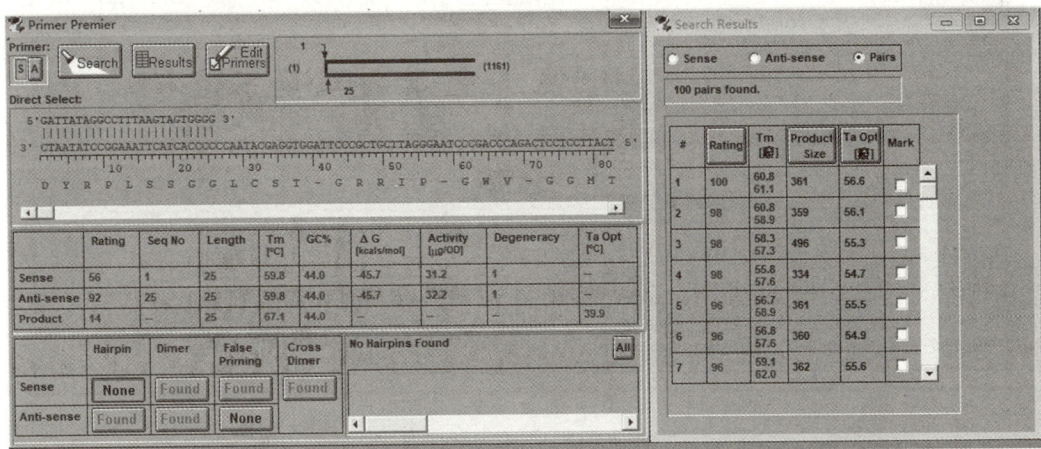

图2-16 引物信息图

根据不同实验需求，选择最合适的引物。若引物存在过多的发夹结构、二聚体、错配以及引物间的二聚体，则需要对引物加以修改。

（5）引物的修改与保存 选择引物后，如若出现如图2-17所示，正向引物引物3'端出现引物间的二聚体，则可以点击"Edit Primers"选项，修改引物之间的二聚体，由图2-16我们可以看出引物3'端末尾与反向引物3'端碱基互补了，只要删除最后一个碱基即可。

修改后的引物分析后，最终显示图2-18界面，正向和反向引物均无发夹结构、二聚体、错配以及引物之间的二聚体，即可说明引物修改完成了，按要求完成引物导出。

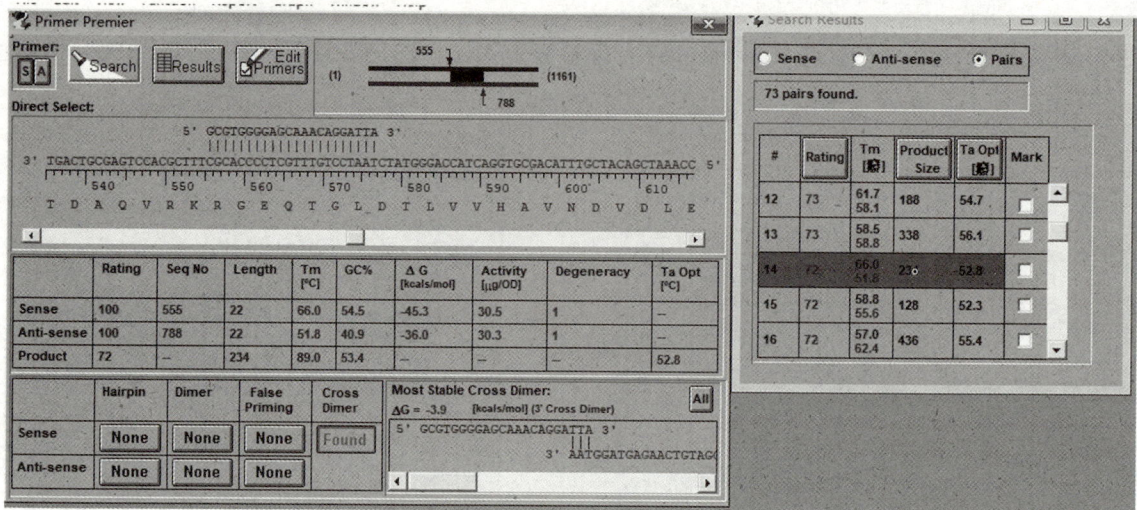

图 2-17 引物之间的二聚体

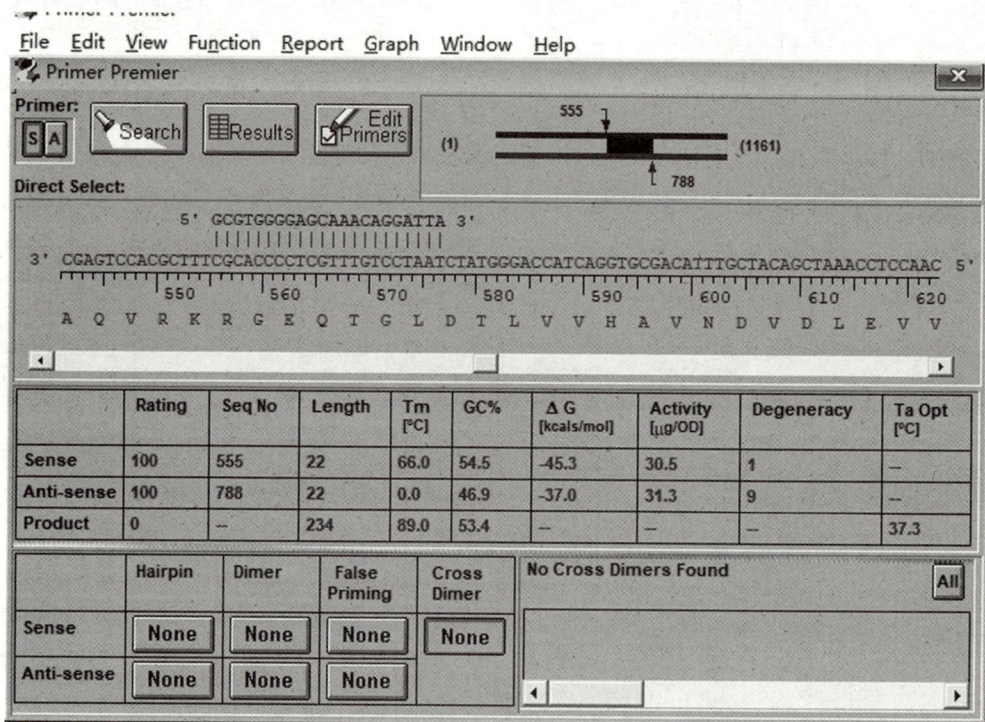

图 2-18 引物分析界面

选择好引物后，选择菜单栏中的"Edit"按钮（图 2-19），选择"Copy"，复制正向引物选择"Sense Primer"，复制反向引物选择"Anti-sense Primer"，并将复制好的引物粘贴到 Word 文件中，以供后续实验使用。

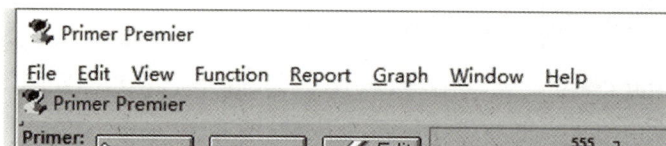

图 2-19 引物导出菜单

【给学生的学习建议】

建议你选择一个感兴趣的基因、疾病或其他主题，访问主要的核酸数据库，如 GenBank、EBI、DD-BJ，并比较分析数据库之间的异同点。同时可以根据检索到的其他信息综合文献进行扩展学习。

使用 CNCB（China National Center of Bioinformation）数据库查询上述感兴趣的基因、疾病或其他主题，对比多个数据库查询结果的异同之处，总结查询过程中的差异。浏览 CNCB 中人类遗传资源组学原始数据归档库，选择"open"状态的感兴趣的目标，并根据文献分析其作用及潜在影响。

本章实践项目

【基础实践项目】

1. 请查找任意一种免疫球蛋白的基因信息并完成释义。

2. 请查找绿色荧光蛋白的基因信息，整合后完成释义。

3. 请任选一个基因下载其 fasta 格式文件，并设计该基因的普通 PCR 引物。

【情境模拟实践项目】

假设你在一个生物技术公司工作，公司需要研究开发相关新冠病毒的产品，需要你查询新冠病毒的全基因组序列对其进行信息整合，并作简报？

【拓展实践项目】

1. 请选择一个感兴趣的基因，并简述理由。

2. 请制作兴趣基因的简历，模板自选。

3. 请制作兴趣基因的名片，模板自选。

4. 请结合文献，分析兴趣基因潜在的应用价值与可行的研发方向。

书网融合……

题库

附表 2 – 1　部分 Genbank 词语释义

身份证明	释义
LOCUS	序列名称或基因座名称
DEFINITION	序列简要介绍
ACCESSION	序列号
VERSION	序列版本号
KEYWORDS	序列关键词
SOURCE	序列来源
ORGANISM	序列来源的物种学名和分类学位置
REFERENCE	相关文献或递交序列的注册信息
AUTHORS	文献作者或递交序列的作者
TITLE	文献题目
JOURNAL	文献来源刊物
MEDLINE	文献 MEDLINE 引文代码
REMARK	文献注释
COMMENT	序列相关信息
FEATURES	序列特征
ORIGIN	原始序列

附表 2 – 2　Genbank 中数据分类

分类	注释
PRI	Primate sequences 灵长类的序列
CON	Constricted sequences 压缩序列
TSA	Transcriptome shotgun assembly sequences 转录组鸟枪法拼接序列
PLN	Plant, fungal, and algal sequences 植物，真菌和藻类的序列
BCT	Bacterial sequences 细菌的序列
VRT	Other vertebrate sequences 其他脊椎动物的序列
EST	Expressed sequence tags 表达序列标签
HTG	High – throughput genomic sequences 高通量基因组序列
PAT	Patent sequences 专利数据
GSS	Genome survey sequences 基因组测序序列
MAM	Other mammalian sequences 其他哺乳类的序列
INV	Invertebrate sequences 非脊椎动物的序列
ROD	Rodent sequences 啮齿类的序列
SYN	Synthetic sequences 人工合成的序列
ENV	Environmental sampling sequence 环境样品序列
VRL	Viral sequences 病毒的序列
PHG	Bacteriophage sequences 噬菌体的序列
HTC	High – throughput cDNA sequences 高通量 cDNA 序列
STS	Sequence tagged sites 序列标签位点
UNA	Unannotated sequences 未经注释的序列

附表 2 – 1　部分 Genbank 词语释义

第三章　蛋白质数据库

蛋白质是生命功能的执行者，当获得了基因序列后，对其转录翻译形成的蛋白质序列的研究和分析则必不可少。这也是人类基因组计划顺利完成后，关于基因组序列具体的"实用价值"引发的新一轮思考。如何立足于基因信息，从蛋白质的功能入手，在细胞水平上阐明基因与蛋白质之间的关系，建立对生命现象的整体认知，以帮助分析解决实际问题？随着对蛋白序列的深入研究，进而产生了非常庞大的数据，这些数据存储在不同的数据库中，就构成了庞大的蛋白组数据库。与核酸数据库不同的是，蛋白质的序列与结构是其行使功能的基础，所以蛋白质既有序列数据库又有结构数据库。

> **学习目标**
>
> 通过学习本章你应该能够：
> - 能在 UniProt 数据库中查询、释义及下载目的蛋白质信息。
> - 通过自主探究和合作交流能解读并整合基因信息。
> - 能描述数据库中蛋白质的核心信息，结合相应文献揭示其功能。

蛋白数据库中有包含蛋白序列信息的 Uniprot （Universal Protein Resource），也有提供蛋白结构的 PDB （Protein Data Bank），还有提供蛋白综合信息的如 PIR （Protein Information Resource）、PRF （Protein Research Foundation） 和 HPRD （Human Protein Reference Database）。

蛋白质的保守结构域在一定程度上可以体现其功能，蛋白质保守结构域数据库 （Conserved Domain Database，CDD） 收集了大量保守结构域序列和蛋白质序列信息。在 CDD 数据库中，可获得目标蛋白质序列中所含的保守结构域信息，从而分析、预测其功能。

3.1 UniProt 数据库

UniProt 整合了 EBI （European Bioinformatics Institute）、SIB （the Swiss Institute of Bioinformatics） 和 PIR （Protein Information Resource） 三大数据库的资源，是目前国际上序列数据较完整、注释信息较丰富的蛋白质序列数据库 （图 3 – 1）。每 4 周发布新版，同时发布统计报表，帮助用户了解数据库的更新及数据类别等基本信息。UniProt 是 The Universal Protein Resource 的缩写，即通用蛋白资源，其中的数据主要来自各物种基因组测序完成后得到的全基因蛋白质序列，同时也包含源自文献中的蛋白及其功能注释信息。

UniProt 的核心数据是蛋白质序列。UniProt 数据库中包括 UniProt 知识库 （UniProtKB）、UniProt 档案库 （UniParc）、UniProt 参考集 （UniRef） 和蛋白组数据库 Proteomes （图 3 – 2）。

（1） UniProtKB （Protein Knowledgebas） 中包含 Swiss – Prot 子数据库 TrEMBL （Translation from EM-BL） 子数据库，Swiss – Prot 中的蛋白质信息都是人工注释的，可信度高，冗余度小，是注释最好的蛋白质数据库。TrEMBL 则是一个经计算机注释的蛋白质序列数据库，并不包含 Swiss – Prot 中的蛋白序列，可信度低且冗余度大。

（2） UniParc （UniProt Archive） 档案库是包含来自 EMBL、GenBank、DDBJ 等公共数据库的所有蛋白序列的非冗余数据集。由于蛋白序列信息可能源自多个数据库，或同一数据库中多个副本，UniParc

将每个唯一序列存储一次，相同的序列则被合并，每个序列都有一个稳定且唯一的标识符 UPI（Unique Identifier），这样极大地避免了数据的冗余。UniParc 中仅蛋白序列信息，没有注释内容。

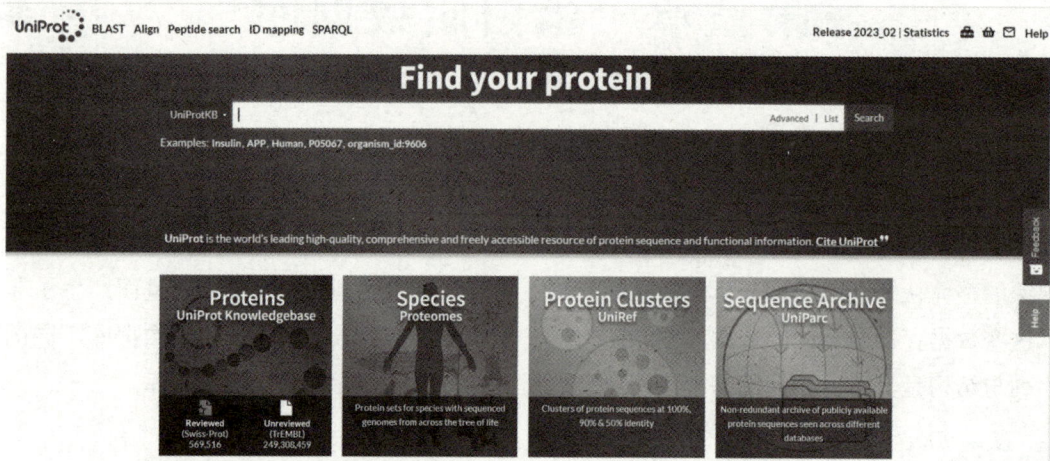

图 3-1　UniProt 主页

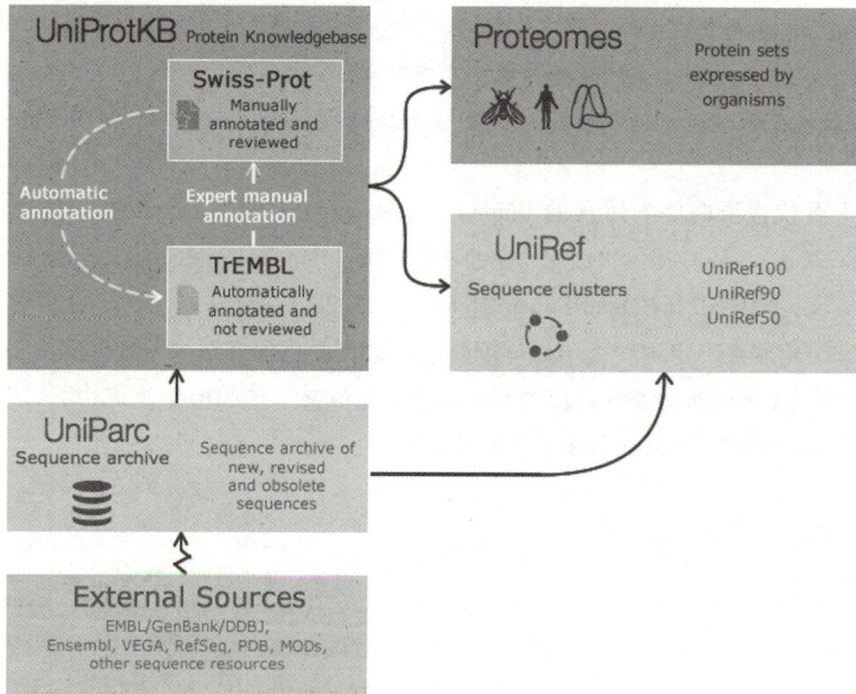

图 3-2　UniProt 数据库组成

💡 知识扩展

蛋白质组

蛋白组（Proteome）一词，是由澳大利亚学者 Marc Wilkins 在 1994 年的一次学术会议上提出的，意指一个基因组表达的所有相应蛋白的集合，即一个细胞、组织或机体表达的全部蛋白质。

（3）UniRef（UniProt Reference Clusters）蛋白序列参考集，按相似程度将 UniProtKB 和 UniParc 中的序列分为 UniRef100、UniRef90、UniRef50 三个子数据集。通过聚类分析可加快序列检索的速度。Uni-

Ref100 中将完全一样的序列（以及 >11 个残基的亚片段，来自任何生物）合并到一个 UniRef 条目中，用于显示代表性蛋白质的序列。UniRef90 和 UniRef50 分别代表每个簇由与最长序列分别具有至少 90% 或 50% 序列一致性的序列组成。

（4）Proteomes 是 2011 年 9 月起 UniProt 数据库中新增加的子库，其蛋白组数据主要是指已经完成全基因组测序物种的核酸序列翻译所得的蛋白序列，但这些序列并不一定都是经过人工审阅的，一部分来自 TrEMBL。

综上，UniProt 数据库有三个数据层：①UniProtKB 是中心数据库，分为人工注释 Swiss – Prot 和计算机注释 TrEMBL。②UniRef 提供基于 UniProtKB 的非冗余参考簇，提供序列一致性为 50%、90% 和 100% 的 UniRef 簇成员。③UniParc 是一个仅含序列的多种来源、非冗余蛋白序列数据库（表 3 – 1）。

表 3 – 1　UniProt 数据库列表

数据库名称	全称	特征
UniParc	Sequence Archive	非冗余蛋白质序列数据库
UniRef	Sequence Clusters	聚类序列减小数据库，加快检索速度
UniProtKB/Swiss – Prot	Protein Knowledgebas（review）	手工注释的、高质量的、非冗余数据库
UniProtKB/TrEMBL	Protein Knowledgebas（unreview）	计算机自动翻译的、预测的、未验证的蛋白质序列数据库
Proteomes	Protein set fromfully sequenced genomes	已全测序基因组物种核酸序列翻译所得的蛋白序列

3.1.1　UniProt 数据库信息释义

以 β 淀粉样前体蛋白为例介绍 UniProt 数据库中的信息（图 3 – 3）（2023.05.24 版本）。虚线框内是此蛋白的简介，包含了蛋白的基本信息，如图 3 – 3 所示，P05067 是蛋白的序列号，A4_ HUMAN 是 UniProt 的登录名。蛋白名称（Protein）：β 淀粉样前体蛋白；氨基酸数量（Amino acids）：770；基因名（Gene）：APP；蛋白存在（Protein Existence）：蛋白质水平的实验证据；条目状态（Status）：收录于 UniProtB 的 Swiss – Prot 中，即经过人工注释；注释分数（Annotation Score）：5 分（满分 5 分）；来源生物体：人。图 3 – 3 中的实线框内包含了不同的内容标签，依次是 Entry、Feature viewer（功能查看）、Publication（相关出版物）、External links（外部链接）和 History（历史信息）。Entry 是 UniProt 给每个蛋白质赋予的独一无二的 ID，在此标签内容下一般包括以下十一项内容（图 3 – 3 左侧列）。

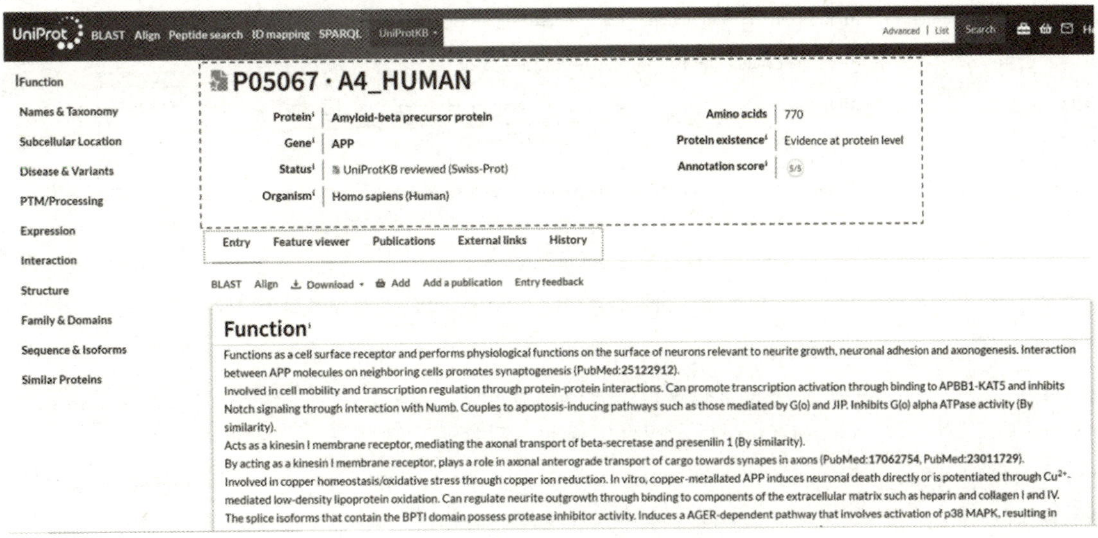

图 3 – 3　UniProt 数据库中 β 淀粉样前体蛋白信息页

（1）Function 部分主要提供有关蛋白质的功能信息，主要是其生物学相关内容。此部分涵盖的信息分项如表 3-2 所示。但并不是所有的蛋白都会有表 3-2 中所有的分项。如 β 淀粉样前体蛋白功能部分只有 "Function（general function）" Miscellaneous、Features、GO annotation、Keywords 、Enzyme and pathway databases 及 Protein family/group databases。在 Function（general function）中主要包含其一般功能，如第一段介绍了 β 淀粉样前体蛋白主要作为细胞表面受体发挥作用，也在神经元表面执行与轴突生长、神经元黏附和轴突生成相关的生理功能，并在此后附注其文献来源 Pubmed 25122912。在此后的各个段落也介绍了 β 淀粉样前体蛋白的其他功能，并附注相应的文献来源。Miscellaneous 部分则包括不能归类到相应分项中的其他信息，即金属的螯合可以诱导 β 淀粉样前体蛋白分子间的组氨酸桥接等内容。Features 部分则描述了蛋白的结合位点（binding site）一般为氨基酸残基和化学物之间的相互作用位点及未被定义的单个氨基酸位点（site），可以根据需要在筛选展示的类型，也可以点击相应的图示位点直接定位到所代表的氨基酸位置。β 淀粉样前体蛋白和很多金属离子有相互作用，因此其 binding site 和 site 中大多与金属离子相关，特别是 Cu^{2+} 和 Zn^{2+} 离子。GO（Gene Ontology）部分主要描述了关于 Molecular function（分子功能）、Biological process（生物过程）以及 Cellular componet（细胞组分），此部分内容较多可以到 UniProt 网页中查看。接下来的 Keywords 部分则展示了与功能相关的主要关键词，如图 3-4（A）所示，此部分简要概况了 GO annotation 部分的内容，也总结了 UniProtKB 条目的内容。随后的 Enzyme and pathway databases 则是酶和代谢通路的数据库，可直接点击查询相应的信息。Function 部分的最后一项 Protein family/group databases 可链接到与此蛋白相关的其他蛋白家族数据库。

表 3-2　Function 部分的信息分项

分项	内容
Function	General function（s）of a protein（蛋白质的一般功能）
Miscellaneous	Any relevant information that doesn't fit in any other defined sections（任何不符合任何其他定义部分的相关信息）
Caution	Warning about possible errors and/or grounds for confusion（关于可能出现的错误和/或混淆的理由的警告）
Catalytic activity	Reaction（s）catalyzed by an enzyme（酶催化的反应）
Cofactor	Non-protein substance required for enzyme activity（酶活性所需的非蛋白质物质）
Activity regulation	Regulatory mechanism of enzymes, transporters, microbial transcription factors（酶、转运蛋白、微生物转录因子的调节机制）
Biophysicochemical properties	Biophysical and physicochemical properties（生物物理和物理化学性质）
Pathway	Associated metabolic pathways（相关代谢途径）
Active site	Amino acid（s）directly involved in the activity of an enzyme（直接参与酶活性的氨基酸）
Metal binding	Binding site for a metal ion（金属离子的结合位点）
Binding site	Binding site for any chemical group（co-enzyme, prosthetic group, etc.）［任何化学基团（辅酶、修复基团等）的结合位点］
Site	Any interesting single amino acid site on the sequence（序列上任何有意义的单个氨基酸位点）
Calcium binding	Position（s）of calcium binding region（s）within the protein（蛋白质内钙结合区的位置）
Zinc finger	Position（s）and type（s）of zinc fingers within the protein（锌指蛋白的位置和类型）
DNA binding	Position and type of a DNA-binding domainDNA（结合域的位置和类型）
GO 'Molecular function'	Selection of Gene Ontology（GO）terms（基因本体论中的术语：分子功能）
Keywords 'Molecular function'	Selection of controlled vocabulary which summarises the content of an entry（选择概括条目内容的受控词汇）
Keywords 'Biological process'	Selection of controlled vocabulary which summarises the content of an entry（选择概括条目内容的受控词汇）
Keywords 'Ligand'	Selection of controlled vocabulary which summarises the content of an entry（选择概括条目内容的受控词汇）

续表

分项	内容
Enzyme and pathway databases	Selection of cross–references that point to data collections other than UniProtKB（选择指向 UniProtKB 以外的数据集合的交叉引用）
Family databases	Selection of cross–references that point to data collections other than UniProtKB（选择指向 UniProtKB 以外的数据集合的交叉引用）

Keywords[i]

Molecular function	#Heparin-binding
	#Protease inhibitor
	#Serine protease inhibitor
Biological process	#Apoptosis
	#Cell adhesion
	#Endocytosis
	#Notch signaling pathway
Ligand	#Copper
	#Iron
	#Metal-binding
	#Zinc

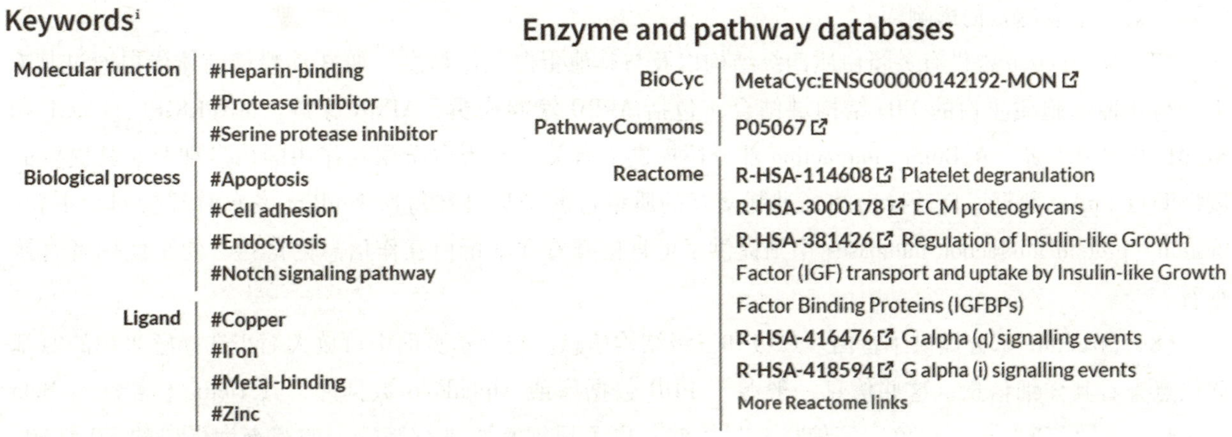

（A）

Enzyme and pathway databases

BioCyc	MetaCyc:ENSG00000142192-MON ⧉
PathwayCommons	P05067 ⧉
Reactome	R-HSA-114608 ⧉ Platelet degranulation
	R-HSA-3000178 ⧉ ECM proteoglycans
	R-HSA-381426 ⧉ Regulation of Insulin-like Growth Factor (IGF) transport and uptake by Insulin-like Growth Factor Binding Proteins (IGFBPs)
	R-HSA-416476 ⧉ G alpha (q) signalling events
	R-HSA-418594 ⧉ G alpha (i) signalling events
	More Reactome links

（B）

图 3 – 4 UniProt 中 β 淀粉样前体蛋白的 Keywords 部分（A）和 Enzyme and pathway databases

（2）Names & Taxonomy 部分提供了有关蛋白质和基因名称、同义词以及作为蛋白质序列来源的生物体的信息，具体见表 3 – 3。

表 3 – 3 Names & Taxonomy 部分的信息分项

分项	内容
Protein names	Name and synonyms of the protein（蛋白质的名称和同义词）
Gene names	Name（s）of the gene（s）that code for the protein（编码蛋白质的基因的名称）
Encoded on	Organelle or plasmid gene source（器官或质粒基因源）
Organism	Name of the source organism（来源生物名称）
Taxonomic identifier	NCBI unique identifier for the source organism（源生物体的 NCBI 唯一标识符）
Taxonomic lineage	Taxonomic classification of the source organism（来源生物的分类）
Proteomes	Proteome ID and component name for entries that are part of a proteome（属于蛋白质组的条目的蛋白质组 ID 和组分名称）
Virus host	The species that can be infected by a specific virus（可以被特定病毒感染的物种）
Organism – specific databases	Selection of cross–references that point to data collections other than UniProtKB（选择指向 UniProtKB 以外的数据集合的交叉引用）

（3）Subcellular Location（亚细胞定位）提供细胞中蛋白质的位置和拓扑的信息。在 Feature 中描述其 topological domain（跨膜蛋白的每个非膜区域的亚细胞区室）及 transmembrane（蛋白质跨膜区域的范围）。此部分的 Keywords 则展示了与细胞成分相关的关键词。

（4）Disease & Variants（疾病和变异）以前为 Pathology&Biotech（病理学和生物技术）此部分提供了与蛋白质相关的疾病、表型和变异的信息。示例中的 β 淀粉样前体蛋白相关的疾病为 Alzheimer disease 1（AD1）。

（5）PTM/Processing（翻译后修饰）次部分介绍了翻译后修饰的内容。Feature 中显示信号、链、二硫键、修饰残基、糖基化、肽及交联的特征。具体的翻译后修饰内容及文献则在"Post – translational modification"部分展示。

（6）Expression 部分提供了关于多细胞生物的细胞或组织中 mRNA 水平或蛋白质水平的基因表达的信息。其中的"Tissue specificity"提供目标蛋白在组织中的特异表达方面的信息，如 β 淀粉样前体蛋白在大脑和脑脊液中表达（蛋白质水平）并附注其文献来源 PubMed：2649245。Induction 部分则报告了实验证明的诱导物和阻遏物（通常是化合物或环境因素）对目标蛋白质（或 mRNA）表达水平（上调、下调、组成型表达）的影响。

（7）Interaction 提供有关蛋白质四级结构以及与其他蛋白互作信息。如 β 淀粉样前体蛋白通过其 C 末端与几种细胞质蛋白的 PID 结构域结合，包括 APBB 家族成员、APBA 家族、MAPK8IP1、SHC1 和 NUMB 和 DAB1 等。在 Binary interaction 部分还提供了有关二元蛋白质相互作用的信息细节。其提供的数据源自 IntAct 数据库自动导出的二进制交互的质量过滤子集且在每次 UniProt 发布时都会同步更新。Protein – protein interaction databases 中则提供了可直接查看详细蛋白互作信息的链接，便于使用者直接查看。

（8）Structure 部分提供了蛋白质二级和三级结构信息。在图示页面中可放大缩小选择感兴趣的氨基酸位点查看其详细信息，这些信息一般源于 PDB 数据库或 AlphaFold 数据库，其 Helix（螺旋）、Beta strand（β 链）和 Turn（转角）等信息一目了然，也可根据需要进行筛选。如需查询蛋白的 3D 结构，在 3D structure databases 部分提供了多数据库的链接，可点击直接查看。

（9）Family&Domains 提供了与其他蛋白质的序列相似性以及蛋白质中存在的结构域及家族信息。重点介绍蛋白的结构域、跨膜区域、功能域的详细信息。

（10）Sequence&Isoforms 部分默认显示标准蛋白质序列，并根据要求显示条目中描述的所有异构体。它还包括与序列相关的信息，包括长度和分子量。β 淀粉样前体蛋白的 11 个异构体信息均被列出，同时计算机预测的其他结构也在此部分的 Computationally mapped potential isoform sequence 中展示，方便使用者查看。同时此部分还可以查询到蛋白的核酸信息，也可直接链接到 GenBank、EMBL 和 DDBJ。

（11）Similar Proteins 部分提供了与本条目中描述的蛋白质序列相似的蛋白质的链接，基于其在 UniProt 参考簇（UniRef）中的成员身份，这些蛋白质具有不同水平的序列同一性阈值（100%、90% 和 50%）

3.1.2 序列下载

UniProt 中下载的数据一般为 FASTA（canonical）（图 3 – 5），以" > "开头，第一行为序列的综合信息，其中 sp 是 Swiss – Prot 数据库的简称，说明本序列源自 Swiss – Prot。P05067 是 UniProt ID，A4_HUMAN 是登录名。Amyloid – beta precursor protein 是蛋白名称，OS = Homo sapiens（OS 是 Organism 简称），人类蛋白，OX = 9606 即物种分类数据库 Taxonomy ID。GN = APP，基因名称为 APP，SV = 1，Sequence Version，序列版本号为 1。PE = 1，Protein Existence，蛋白可靠性，对应 5 个数字，数字越小可信度越高。

1：Experimental evidence at protein level

2：Experimental evidence at tranlevel

3：Protein inferred from homology

4：Protein predicted

5：Protein uncertain

```
>sp|P05067|A4_HUMAN Amyloid-beta precursor protein OS=Homo sapiens OX=9606 GN=APP PE=1 SV=3
MLPGLALLLLAAWTARALEVPTDGNAGLLAEPQIAMFCGRLNMHMNVQNGKWDSDPSGTK
TCIDTKEGILQYCQEVYPELQITNVVEANQPVTIQNWCKRGRKQCKTHPHFVIPYRCLVG
EFVSDALLVPDKCKFLHQERMDVCETHLHWHTVAKETCSEKSTNLHDYGMLLPCGIDKFR
GVEFVCCPLAEESDNVDSADAEEDDSDVWWGGADTDYADGSEDKVVEVAEEEEVAEVEEE
EADDDEDDEDGDEVEEEAEEPYEEATERTTSIATTTTTTTESVEEVVREVCSEQAETGPC
RAMISRWYFDVTEGKCAPFFYGGCGGNRNNFDTEEYCMAVCGSAMSQSLLKTTQEPLARD
PVKLPTTAASTPDAVDKYLETPGDENEHAHFQKAKERLEAKHRERMSQVMREWEEAERQA
KNLPKADKKAVIQHFQEKVESLEQEAANERQQLVETHMARVEAMLNDRRRLALENYITAL
QAVPPRPRHVFNMLKKYVRAEQKDRQHTLKHFEHVRMVDPKKAAQIRSQVMTHLRVIYER
MNQSLSLLYNVPAVAEEIQDEVDELLQKEQNYSDDVLANMISEPRISYGNDALMPSLTET
KTTVELLPVNGEFSLDDLQPWHSFGADSVPANTENEVEPVDARPAADRGLTTRPGSGLTN
IKTEEISEVKMDAEFRHDSGYEVHHQKLVFFAEDVGSNKGAIIGLMVGGVVIATVIVITL
VMLKKKQYTSIHHGVVEVDAAVTPEERHLSKMQQNGYENPTYKFFEQMQN
```

图 3-5 β 淀粉样前体蛋白的 FASTA 格式文件

3.1.3 UniProt 数据库检索示例

在 UniProt 主页根据需要选择 "UniProtKB" 数据库, 并在检索框中输入基因名或 UniProt ID 或感兴趣的主题词, 如 "insulin" 后得到如图 3-6 所示的检索结果, 得到 117,126 个结果 (截至 2023.05.24)。在众多结果中可以根据需要在页面左侧的选项中进行筛选。如在 Status 中选 "Reviewed" 即 Swiss-Prot 内的数据, 则只剩 5113 个条目。同时在 Popular organisms 中选择 "Human", 则只剩 1097 个条目。再选择 Protein existence 中的 "Protein level", 则只剩 1066 个条目, 若再根据 Annotation score 的 5 分进行筛选, 则只剩 1019 个条目。而 insulin 的长度为 110 个 amino acid, 则可以在 Sequence length 中进行筛选, 最终得到图 3-7 所示的结果。如已知蛋白的 Entry 则可以直接在检索框内输入, 即会快速得到目标蛋白的检索结果。

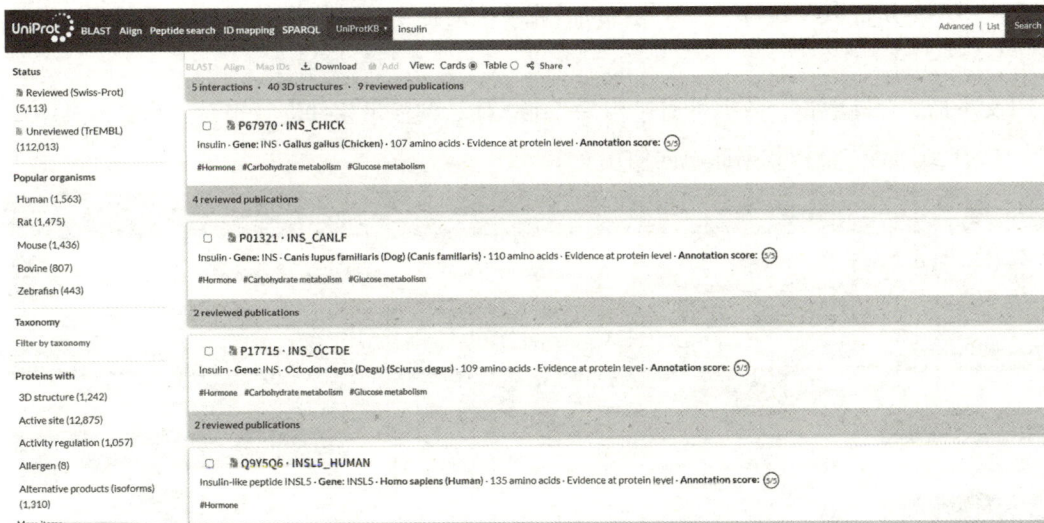

图 3-6 UniProt 数据库中 insulin 的检索结果

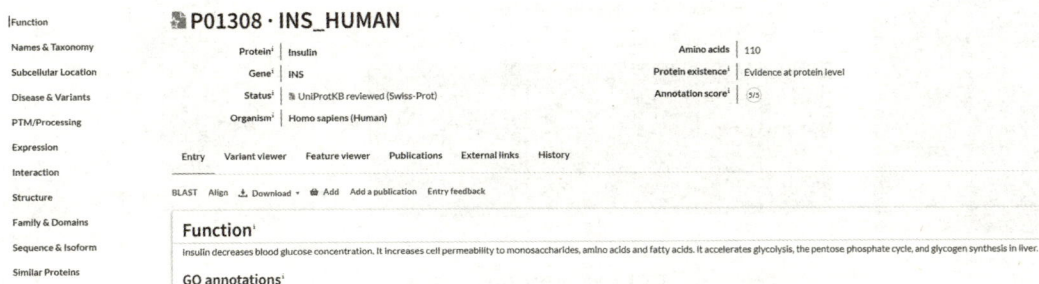

图 3-7 UniProt 数据库中人胰岛素的检索结果

3.2 PDB 数据库

蛋白质具有丰富的构象，其执行的功能由其构象结构决定。20 世纪 50 年代，科学家 Christian Anfinsen 提出了蛋白质热力学假说，认为在生理条件下，天然蛋白质的三维结构为系统吉布斯自由能最低的结构。通过绘制蛋白质的所有可能结构的能量全景图，也可以发现蛋白质在自然条件下其倾向于采用自由能最小化的结构。以上信息帮助深化了这样一个概念：蛋白质的三维结构本质上是由其线性的氨基酸序列所决定的，即蛋白质的初级结构。

蛋白质结构需要在几个不同的水平上定义。

（1）一级结构如上所述是指一个多肽链上氨基酸残基的线性序列。

（2）二级结构指的是由一级结构中的氨基酸序列所排列形成的基序，如 α 螺旋、β 折叠或无规则卷曲等。

（3）三级结构是指在二级结构基础上的进一步压缩、盘绕或折叠，从而产生特定空间结构或结构域所形成的三维空间排列。

（4）四级结构则涉及两条及以上肽链的相互排列，形成更复杂的空间结构域。

PDB（Protein Data Bank）数据库是全球唯一存储生物大分子（一般包括蛋白、核酸和糖）3D 结构的数据库，由结构生物信息学研究合作组织（Research Collaboratory for Structural Bioinformatics，RCSB）维护，每周更新一次（图 3–8）。PDB 数据库收录了广泛的基本结构数据，包括原子坐标、辅助因子的化学结构及对晶体结构的描述等。数据主要源自 X 射线单晶衍射，核磁共振、电子衍射等实验。PDB 通过评估提交模型的质量以及其与实验数据的吻合程度来对提交的结构进行验证，以保证提供数据的可信度。

PDB 以文本形式存储数据，数据可通过相关三维立体结构显示软件进行查看、编辑，进一步用于研究，也可与 CSD 剑桥晶体结构数据库协同使用。

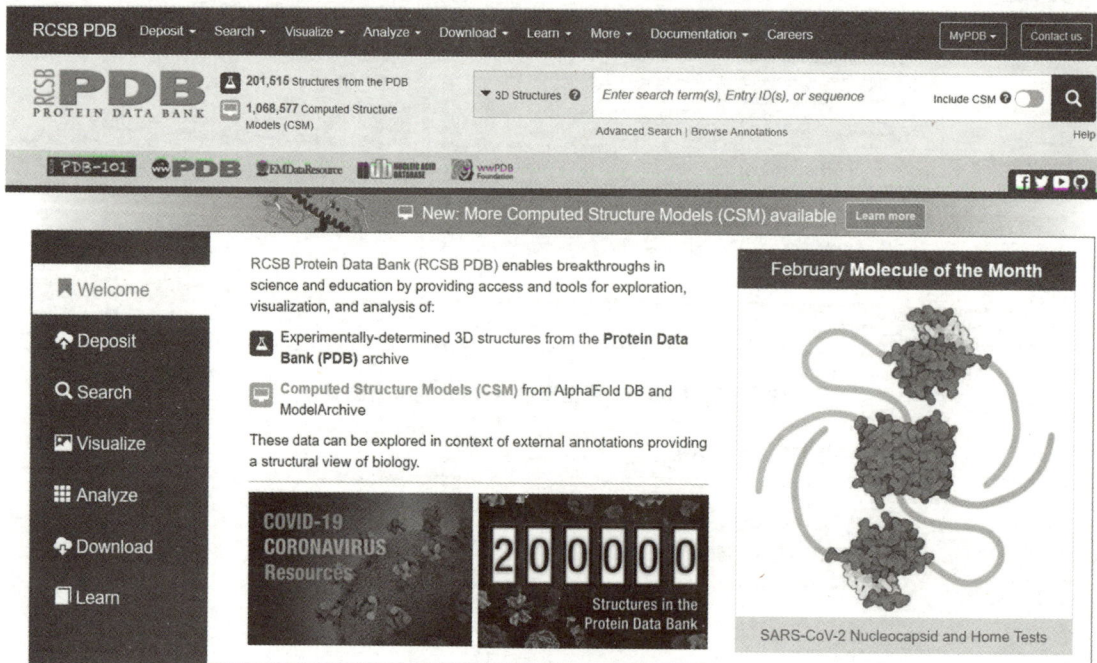

图 3–8　PDB 数据库主页

PDB 数据库由 WorldWide PDB 成员共同维护，成员包括 the Protein Data Bank in Europe、the RCSB PDB 和 PDB Japan。还有一系列为 PDB 提供补充信息的数据库，如含有二级结构数据的 DSSP；含有结构质量和错误数据的 PDBEPORT；提供 PDB 内容概要的 PDBFINDER 等。PDB 是生物学和医学领域第一个开放访问的数据资源库，其在结构生物学研究中极为重要。

💡 **知识扩展**

RCSB PDB（RCSB. org）是全球蛋白质数据库（PDB）的美国数据中心，该数据库存储大生物分子（蛋白质、DNA 和 RNA）的 3D 结构数据，也可以查询到相关领域的最新进展，为结构生物学、细胞和分子生物学、计算生物学、信息技术等领域的研究提供信息，对基础生物学、健康、能源和生物技术的研究和发展至关重要。

3.2.1 PDB 数据库检索

PDB 数据中的蛋白质按四字母代码分类，由一个数字加三个字母组成，如血红蛋白的 PDB 标识符为 4HHB。如已知目标蛋白的标识符则可以直接输入到检索框得到结果。若不清楚具体的标识符，PDB 数据库也支持基于关键词的检索，如输入 IgG，则可以得到与其相关的所有蛋白质结构条目，如需筛选则可以根据左侧的选项进行检索结果的精炼。供筛选的选项包括 "Structure Determination Methodology（结构测定方法学）" "Scientific Name of Source Organism（来源生物的科学名称）" "Taxonomy（分类学）" "Experimental Method（实验方法）" "Polymer Entity Type（聚合物实体类型）" "Refinement Resolution（Å）（精细分辨率）" "Release Data（释放数据）" "Enzyme Classification Name（酶分类名称）" "Symmetry type（对称类型）" 及 "SCOP Classification（SCOP 分类）"。

PDB 数据库中还有很多高级检索功能（在主页的顶部）。方便使用 BLAST 或 FASTA 程序获取与目标序列相关的 PDB 结构。也可以通过限定分子属性（如分子量）、Pubmed 标识、收录时间或实验方法来查询。

NCBI 提供了三种主要方式来查找蛋白质结构。

（1）通过核苷酸序列进行查询。在检索框中输入一段 DNA 序列，然后用 BLASTX 进行检索，可限制数据来源于 PDB。

（2）通过文本检索的方式进行。在 Entrez structure 页面进行关键词检索，也可以进行 PDB 标识符检索。

（3）通过蛋白相似性检索。在 NCBI 数据库中选择一个感兴趣的蛋白质，在其对应的信息页中查找 "Related structures" 链接，就可以得到与其有相似结构的蛋白质。

以人唾液淀粉酶为例，图 3 – 9 中 Structure Summary 选项卡下的 1SMD 即为人唾液淀粉酶的代码，代码下面的 "HUMAN SALIVARY AMYLASE" 是其名称，PDB DOI 后面的链接可直接链接到 PDB 文件的下载页。Classification 是蛋白的分类，属于水解酶（邻甘醇），Organisms（物种来源）人。Deposited 日期是 1996.01.24，作者是 Ramasubbu, N.，Released 日期是 1996.07.11。第二部分 "Experimental Data Snapshot" 是关于鉴定方法的简介，也叫快照，主要包括鉴定的方法（Method），此蛋白为 X – ray diffraction（X 射线衍射）、Resolution（分辨率）为 1.6Å[①]、R – Value Work 为 0.184（R – value 表示了模拟和实验所得结构的差别，可接受的 R 值通常在 0.20 左右）。关于人唾液淀粉酶的更多信息，则在其余

---

① Resolution 中的 Å 是光波长度和分子直径的常用计量单位，值越小，分辨率越高，结构越准确。

六个选项卡中展示，分别为含有蛋白质结构信息概述的"Structure Summary"、展示蛋白质 3D 结构的 "3D View"、包含蛋白质注释的"Annotations"、蛋白质实验相关信息的"Experiment"、蛋白质序列信息的"Sequence"、蛋白质基因信息的"Genome"以及包含蛋白质结构研究变化的"Versions"。

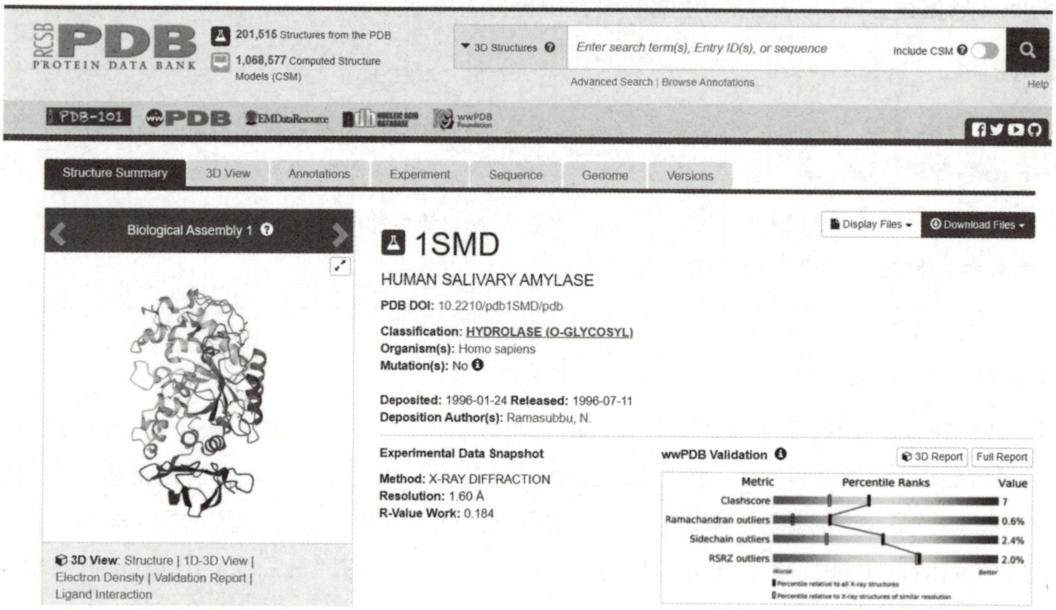

图 3-9　PDB 数据库中人唾液淀粉酶（1SMD）信息页

知识扩展

　　AlphaFold 蛋白质结构数据库是可公开访问、广泛的高精度蛋白质结构预测数据库，从氨基酸序列中预测蛋白结构，预测的结构包含原子坐标和每个残基额置信度，分数从 0 ~ 100，预测分数越高，置信度越高。

　　2021 年公布的 AlphaFold2 是一个基于神经网络新的计算模型，即使在没有类似蛋白结构模型的情况下，也能有规律地预测蛋白模型，其准确度达到原子水平，该方法结合蛋白的物理和生物学知识，利用多序列比对来设计深度学习算法，预测结果优于其他方法。

3.2.2 PDB 文件

　　PDB 数据库中蛋白质 3D 结构数据通常以特定格式存储。PDB 文件是一个文本文件（文件后缀为 .pdb），可通过多种软件读取、查看和处理。PDB 文本文件，由许多行组成，每行 80 列，每行的前 6 列都是固定的标识符，左对齐，用空格补全 6 列（图 3-10）所示。HEADER、TITLE、COMPOND、SOURCE 等都是蛋白的固定标识符，包含蛋白的基本信息。

　　PDB 文件的核心是蛋白质的原子列表和其对应的氨基酸，以及描述它们空间位置的坐标信息（图 3-11）。所含的 11 列信息分别为：第一列 ATOM 是原子；第二列是原子的序号（atom number）；第三列表示氨基酸中的原子；第四列是氨基酸的名称（amino acid）；第五列是氨基酸所在的肽链（polypeptide chain）；第六列是氨基酸所在的肽链的序号（amino acid number）；第七、八、九列分别是氨基酸在肽链空间结构的三维坐标（X, Y and Z coordinates）；第十列为占有率（occupancy）表示原子在位置上的"牢固"程度，一般在 0 与 1 之间，1 表示完全稳固，占有率小于 1 表示该原子可能到其他位置；第十一列是温度因子（temperature factor）或 B 因子表示原子静态或动态灵活性；第十二列表示氨基酸中的原子类型。

```
HEADER    HYDROLASE (O-GLYCOSYL)              24-JAN-96  1SMD
TITLE     HUMAN SALIVARY AMYLASE
COMPND    MOL_ID: 1;
COMPND    2 MOLECULE: AMYLASE;
COMPND    3 CHAIN: A;
COMPND    4 EC: 3.2.1.1;
COMPND    5 OTHER_DETAILS: HUMAN SALIVARY AMYLASE
SOURCE    MOL_ID: 1;
SOURCE    2 ORGANISM_SCIENTIFIC: HOMO SAPIENS;
SOURCE    3 ORGANISM_COMMON: HUMAN;
SOURCE    4 ORGANISM_TAXID: 9606;
SOURCE    5 SECRETION: PAROTID SALIVA
KEYWDS    HYDROLASE, O-GLYCOSYL, CARBOHYDRATE METABOLISM, HYDROLASE (O-
KEYWDS    2 GLYCOSYL)
EXPDTA    X-RAY DIFFRACTION
```

图 3 - 10　人唾液淀粉酶（1SMD）的 PDB 文件

```
ATOM     9  N    TYR A 2      13.606 59.926  3.128 1.00 21.49          N
ATOM    10  CA   TYR A 2      14.365 60.462  4.266 1.00 21.79          C
ATOM    11  C    TYR A 2      13.875 61.799  4.767 1.00 22.92          C
ATOM    12  O    TYR A 2      14.187 62.157  5.931 1.00 24.24          O
ATOM    13  CB   TYR A 2      15.879 60.522  3.918 1.00 20.22          C
ATOM    14  CG   TYR A 2      16.346 59.230  3.291 1.00 19.89          C
ATOM    15  CD1  TYR A 2      16.494 58.047  4.000 1.00 19.06          C
ATOM    16  CD2  TYR A 2      16.603 59.211  1.923 1.00 20.93          C
ATOM    17  CE1  TYR A 2      16.912 56.874  3.385 1.00 19.69          C
ATOM    18  CE2  TYR A 2      17.026 58.051  1.281 1.00 21.17          C
ATOM    19  CZ   TYR A 2      17.189 56.882  2.022 1.00 21.11          C
ATOM    20  OH   TYR A 2      17.586 55.779  1.327 1.00 21.20          O
ATOM    21  N    SER A 3      13.159 62.534  3.939 1.00 23.32          N
ATOM    22  CA   SER A 3      12.634 63.857  4.332 1.00 23.30          C
ATOM    23  C    SER A 3      11.296 63.658  5.047 1.00 21.80          C
```

图 3 - 11　PDB 文件中描述蛋白（人唾液淀粉酶 1SMD）的原子坐标

【给学生的学习建议】

建议你选择一个感兴趣的蛋白或其他主题，访问 UniProt 和 PDB 查询找到相应的信息，结合文献进行综合分析，进行扩展学习。

小组合作选择一个目的基因，检索其翻译的所有蛋白序列，对蛋白质的结构进行分析讨论"结构决定功能"的实际含义。在此基础上结合蛋白质变性和复性的基本概念，说一说我国科学家在蛋白质研究中的突出贡献，讲一讲老一辈科学家的科学精神。

本章实践项目

【基础实践项目】

1. 请查找胰岛素的蛋白质信息，完成实践表格。

2. 请查找绿色荧光蛋白，并整合其信息，模板自选。

【情境模拟实践项目】

1. 假设你在一个生物技术公司工作，公司需要研究开发相关新冠病毒蛋白的产品，你是研发部门的助理研究员，研发组的组长需要你查询新冠病毒蛋白的信息，对其进行分析整合，并作简报。

2. 假设你在一个制药公司工作，公司目前计划研究开发 PD－1 和 PD－L1 相关的产品，请你查找这两个蛋白的信息，进行分析整合，并作简报。

【拓展实践项目】

1. 请选择一个感兴趣的蛋白，并简述理由。

2. 请制作兴趣蛋白的名片，模板自选。

3. 请制作兴趣蛋白的简历，模板自选。

4. 假设你在一个抗体技术公司工作，公司目前计划研究开发以转基因小鼠为基础的针对新冠病毒的人源化抗体产品，请你根据 GenBank 数据库、UniProt 数据库以及抗体技术课程中的转基因小鼠技术完成以下内容：①收集抗体产品所需的生物学信息；②整合各种信息提出理论上的设计思路；③团队合作设计出合理的技术路线。

书网融合……

题库

第四章 序列比对

序列比对（Sequence Alignment）是序列字符间的匹配，也称序列联配。简单地说，就是寻找序列间的相似关系。根据参与序列比对的序列条目差异，可分为双序列比对（Pairwise Alignment）和多序列比对（Multiple Sequence Alignment）。序列比对是生物信息学中最基本也最重要的分析方法之一。可以通比对确定未知基因的功能，预测蛋白质的结构与功能，推断不同物种之间的进化关系等。

学习目标

通过学习本章你应该能够：

- 能理解同源的定义。
- 能描述序列比对的基本概念。
- 能在线进行核酸或蛋白质的双序列比对。

4.1 序列比对基础

在生物学中，核酸和蛋白质的序列决定结构，结构决定功能。基于此普遍规律，将核酸的序列和蛋白质的一级结构的氨基酸序列都看成由基本字符组成的字符串，比较分析字符串间的相似性，进而根据相似的结构具有相似的功能预测其进化信息。进化学说认为，生物起源于同一个祖先，不同的序列不是随机产生的，而是在演化的过程中形成的。因此，通过序列比对可以发现序列从共同祖先演化到现在的路径。也可以根据序列之间的相似性推测其演化历程。结构决定功能论和进化学说是进行序列比对和结果分析的理论基础。

4.1.1 序列的相似性与一致性

在比较分析序列间的相似性（Similarity）时，需要选择运用特定的数学模型或算法，将需比较的序列按一定的方式进行排列，找出序列间最大的匹配度，并依据特定的打分规则，得到比较序列之间的相似性关系。两条或多条序列间的相似百分比（Percent Similarity）可以反映序列间的相似性，但序列排列的方式影响着序列的一致性（Identity）。如在双序列比对中，如何调整两条序列的排列方式使其达到最大程度一致性的过程直接影响着序列的相似性结果。

在序列比对中以某一个比对位点为例可能存在 3 种不同的情况：一是比对的字符相同（Match/Identity）；二是字符的不同，也称替代（Mismatch）；三是插入和缺失（Insertion/Deletion）。字符相同与不同很好理解，但插入和缺失的情况是指在比对的位置上有一条序列是插入或删除一个或多个位点。这种情况下通常在此位置加入空位（Gap，一般用"–"表示）来反映此类变化。人为地加入空位是为了提高序列之间的一致性。

4.1.2 序列的同源性

序列同源性（Homology）与序列相似性完全不同，具有共同演化祖先的两条序列称为同源序列。序列的相似性是可以用一个数值来衡量的，同源性则没有程度之分，一对序列要么是同源的、要么是不同源的。

一般同源序列之间的核苷酸或氨基酸序列具有显著的一致性，但两序列间具有很高的相似性并不等于其一定具有同源性。反之，两条序列即使没有统计学上的显著相似性，也可能是同源序列。如同为球蛋白家族的肌红蛋白和 α 球蛋白间仅有 26% 的氨基酸相似性，但它们仍具有同源性。在一级氨基酸序列相似度较低的情况下，如何分析判断蛋白的空间同源性，是序列比对中具有挑战性的问题。在厘清同源性与相似性和一致性的关系时，可以认为同源性是定性的分析，而相似性与一致性则是定量的分析。

同源性包括直系同源和旁系同源。直系同源的序列是在物种分化过程中，相同的祖先序列被保留到各个分化物种中的序列。直系同源序列被认为具有相似的生物学功能，可以帮助构建更准确的进化树。旁系同源序列则是通过如基因复制这样的机制产生的同源性。如人的 α 球蛋白家族中的 α_1 球蛋白和 α_2 球蛋白。

4.2 序列比对的打分及打分矩阵

序列比对时根据序列的数目和序列的长短不同往往会得到不同的结果，特别是在比对中的某条序列中插入了空位，以增大序列间的相似度。如图 4-1 中的两条序列的比对方式。图 4-1（a）中是最简单的排列方式，但只有一个相同的碱基；但如将第二条序列整体向右移一位，则就有七个相同的碱基（图 4-1b）；若想得到更高的匹配一致性则可以在第二条序列中加入空位，如图 4-1（c）中的排列方式，这样则得到了更多的相似序列。由此也可以发现空位的出现序列比对的结果影响很大。

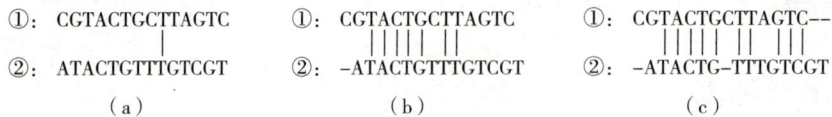

①: CGTACTGCTTAGTC ①: CGTACTGCTTAGTC ①: CGTACTGCTTAGTC--
         | ||||| || ||||| || |||
②: ATACTGTTTGTCGT ②: -ATACTGTTTGTCGT ②: -ATACTG-TTTGTCGT
         (a)   (b)   (c)

图 4-1 双序列比对的三种排列方式

序列比对如果从比对的范围来考虑，还可分为全局比对（Global Alignment）与局部比对（Local Alignment）。顾名思义，全局比对是从序列的整体上出发进行比较分析，而局部比对则侧重于序列中的一部分进行比较。

4.2.1 打分公式

在序列比对的多种方式中，有一种或多种结果能揭示序列的最大相似度，此种比对方式被称为最优方式，所得的结果为最优比对结果。这种最优结果则由打分来决定。简单的打分情况如下：

➤ 匹配得分：如无空位，且 $seq1_i = seq2_i$。

➤ 失配得分：如无空位，且 $seq1_i \neq seq2_i$。

➤ 空位罚分：如果 $seq1_i$ 或 $seq2_i$ 是空位。

以一个简单的打分情况为例设计的打分公式：

匹配得分分值为 1

失配得分分值为 0

空位罚分分值为 -1

则图 4-1 中的序列比对得分分别为：（a）总得分为 1 分；（b）总得分为 5 分；（c）总得分为 7 分（图 4-2）。由此可知，序列的比对方式和打分公式直接影响着序列比对的得分结果。

4.2.2 打分矩阵

打分公式在核酸序列比对时的应用较严谨，但在比对蛋白氨基酸序列时，则需要考虑到不同氨基酸替换的影响。某些氨基酸之间可以很容易地相互取代，且不改变其理化性质，但有一些氨基酸间不容易发生取代，且一旦取代，对蛋白质的结构和功能影响较大。例如，在原本是丙氨酸的位置上替换成了缬氨酸，两者性质相近，对蛋白质功能的影响可能较小；但如果替换成带电且结构较大的赖氨酸，则对原本的蛋白质功能影响较大。此时的序列比对结果就需要考虑理化性质相同或不同氨基酸残基替换的影响。同理，对于核苷酸序列，嘌呤和嘧啶间替换的影响要高于嘌呤与嘌呤或嘧啶与嘧啶间的替换。

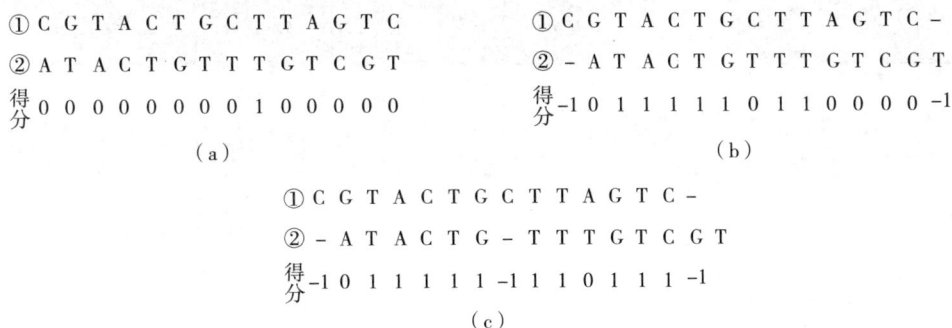

①C G T A C T G C T T A G T C
②A T A C T G T T T G T C G T
得分 0 0 0 0 0 0 0 0 1 0 0 0 0 0

（a）

①C G T A C T G C T T A G T C -
②- A T A C T G T T T G T C G T
得分 -1 0 1 1 1 1 1 0 1 1 0 0 0 0 -1

（b）

①C G T A C T G C T T A G T C -
②- A T A C T G - T T T G T C G T
得分 -1 0 1 1 1 1 1 -1 1 1 0 1 1 1 -1

（c）

图 4 - 2　不同排列方式的序列比对打分结果（图 4 - 1 示例序列）

基于不同位点替换的差别，提出了打分矩阵（Scoring matrix）的概念。在打分矩阵中需要详细地列出不同氨基酸替换的得分，使得计算序列之间的一致性和相似度更为合理。设计这种打分矩阵最常用的方法则是统计自然状态下各种氨基酸残基的相互替换概率，得到替换概率模型。

最常用的打分矩阵之一是 PAM 矩阵（Point Accepted Mutation，点接受突变），如 PAM250 矩阵。Dayhoff 等在 1978 年通过统计自然状态下 71 个蛋白质家族的序列比对（相似度 >85%）中的替换概率，得到了此模型。此矩阵打分的依据为，若两种氨基酸间替换发生的比较频繁，说明自然选择较容易接受此种替换，那么这种替换下比对位点的打分也会较高，反之则较低。另一种常用的打分矩阵是 BLOSUM（Blocks Substitution Matrices），如 BLOSUM65 矩阵。它是通过聚类统计来对相关蛋白质的保守功能域的无空位比对进行分类，并计算类间的氨基酸替换概率。

PAM 矩阵和 BLOSUM 矩阵都有一系列的矩阵（PAMx 或 BLOSUMx）。在选择时可根据具体的比对需求进行筛选。但两者间 x 的意义不同，正好相反。x 值较低的 PAM 矩阵适合用来比较亲缘关系近的序列。x 值较低的 BLOSUM 矩阵则适合用来比较亲缘关系远的序列。在实际应用中 PAM 矩阵常用于寻找蛋白质的进化起源，BLOSUM 矩阵则适用于发现蛋白质的保守区域。

💡 知识扩展

打分矩阵

BLOSUMx 中的 x 代表构建次矩阵所用序列的相似度，如 BLOSUM90，则代表由相似度为 90% 的序列构建。

序列相似度低 ← BLOSUM 35　　BLOSUM 90 → 序列相似度高
　　　　　　　　PAM 100　　　　PAM 1

4.3 双序列比对实践

以 EMBL 网站中的 Pairwise Sequence Alignment（https：//www.ebi.ac.uk/Tools/psa/）中的全局比对（Global Alignment）中的 Needle 为例进行双序列比对。点击"Lanch Needle"得到图 4 - 3 所示界面。此方法的线上比对一共三个步骤：

➤ STEP 1 Enter your protein sequence，输入待比较蛋白的序列（图 4 - 4）。

➤ STEP 2 Set yourpairwise alignment options，设置比较参数，包括输出的类型（Output Format）、矩阵

的类型（Matrix）即空位罚分的设置等（图 4 - 5）。

➤ STEP 3 Submit your job，提交比较序列，开始比较分析（图 4 - 5）。

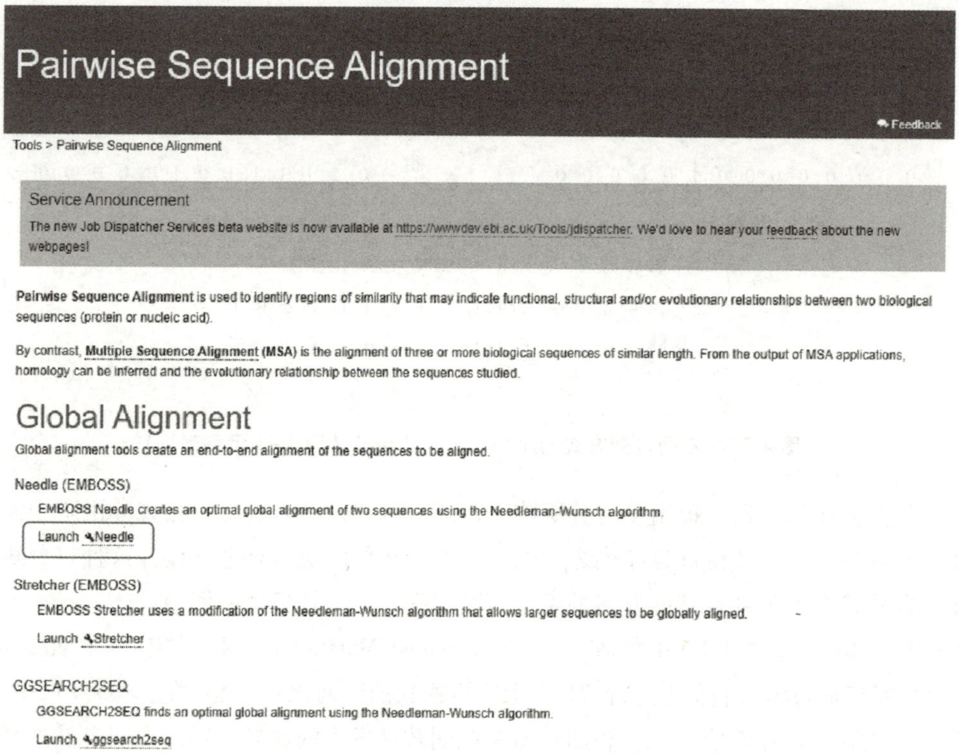

图 4 - 3　EMBL 中 Pairwise Sequence Alignment 中的 Global Alignment Needle 算法

在图 4 - 4 中输入参考文件中的两个示例序列（二维码获取），选择该方法的默认值，点击 "Submit" 后得到图 4 - 6 的结果。结果中的上部分是序列比对的基本信息，如 Program：Needle 及 STEP 2 中的设置参数（图 4 - 5）。图 4 - 6 中部分的内容是对比对结果的概括，如 Aligned_ Sequences：2 是指本次序列比对共 2 条序列，分别是 CYTN_ HUMAN 和 PIP_ HUMAN；打分矩阵选择的是的 EBLOSUM62，Gap_ penalty：10 即空位罚分是罚 10 分。Length 是序列的总长度为 187；Identity（一致性）为 19.3%；Similarity（相似性）为 31.6%；Gaps（空位）比例为 46.5%。得分为 14.5。

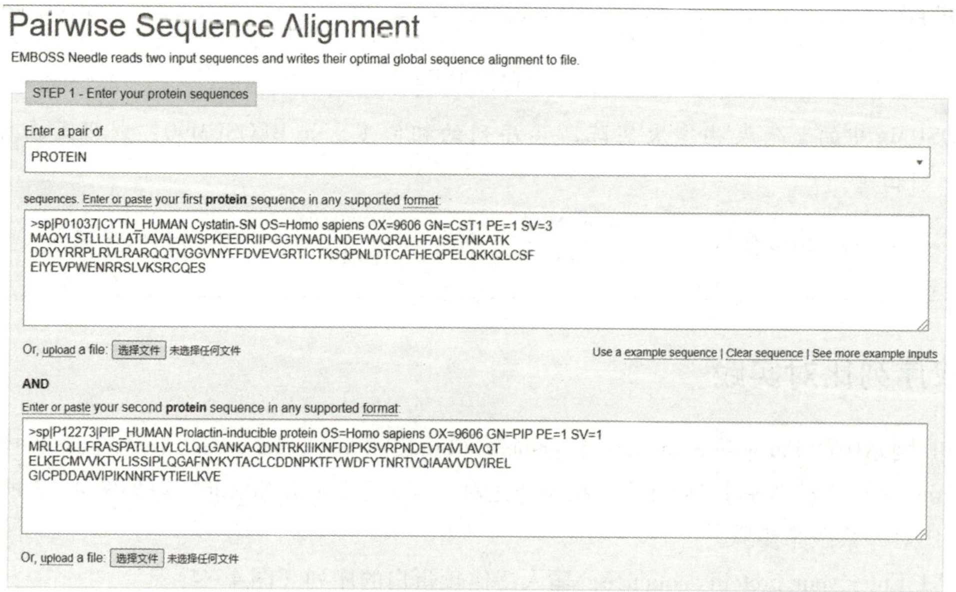

图 4 - 4　Global Alignment Needle 算法中的 STEP 1

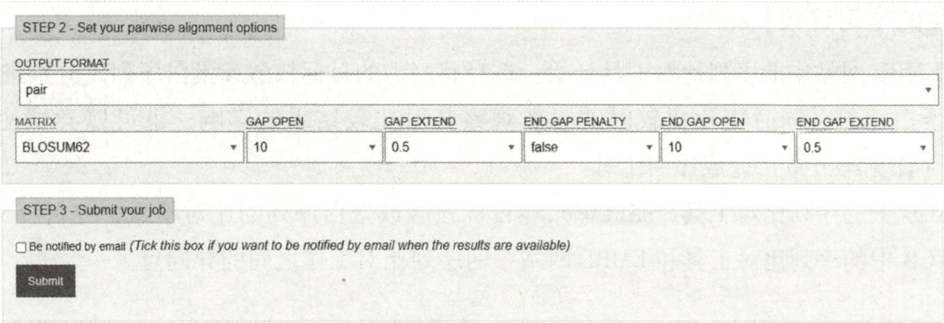

图 4 - 5　Global Alignment Needle 算法中的 STEP 2 和 STEP 3

图 4-6 比对结果中的最下部分是序列比对的详细信息，在此部分的两列序列中间有"｜""："".."和空格。其含义分别为"｜"表示序列上下一致；"："表示上下相似；".."表示上下不相似；空格表示序列对空位。

```
############################################
# Program: needle
# Rundate: Sat  3 Jun 2023 13:22:03
# Commandline: needle
#    -auto
#    -stdout
#    -asequence emboss_needle-I20230603-132201-0055-9176675-p2m.asequence
#    -bsequence emboss_needle-I20230603-132201-0055-9176675-p2m.bsequence
#    -datafile EBLOSUM62
#    -gapopen 10.0
#    -gapextend 0.5
#    -endopen 10.0
#    -endextend 0.5
#    -aformat3 pair
#    -sprotein1
#    -sprotein2
# Align_format: pair
# Report_file: stdout
############################################

#=======================================
#
# Aligned_sequences: 2
# 1: CYTN_HUMAN
# 2: PIP_HUMAN
# Matrix: EBLOSUM62
# Gap_penalty: 10.0
# Extend_penalty: 0.5
#
# Length: 187
# Identity:      36/187 (19.3%)
# Similarity:    59/187 (31.6%)
# Gaps:          87/187 (46.5%)
# Score: 14.5
#
#
#=======================================

CYTN_HUMAN         1 --MAQYL-----STLLLLLATLAVALAWSPKEED---RIIPGGIYNADL-     39
                       :.|.|     :|||:|....|    .|.:|    :||   |.|.|:
PIP_HUMAN          1 MRLLQLLFRASPATLLLVLCLQLGA----NKAQDNTRKII---IKNFDIP     43

CYTN_HUMAN        40 ------NDE------WVQRALH-------FAISEYNKATKDDYYRRPLRVLR     72
                           |||       .||..|.       :.||..        ||:
PIP_HUMAN         44 KSVRPNDEVTAVLAVQTELKECMVVKTYLISSI-----------PLQ---     79

CYTN_HUMAN        73 ARQQTVGGVNY--------------FFDVEVGRTICTKSQPNLDTCAFHE    108
                          ::|....||.    |:::.::
PIP_HUMAN         80 ------GAFNYKYTACLCDDNPKTFYWDFYTNRTVQIAAVVDV-------    116
```

图 4 - 6　Global Alignment Needle 算法比对的结果

【对学生的学习建议】

从使用 EMBL 网站中的序列比对工具开始。选择感兴趣的目标核酸或蛋白序列，分别进行近源蛋白比较和远源蛋白比较，同时变化比较时的参数观察其对比较结果的影响，也可以尝试使用 NCBI 中 BLAST 工具（详见第五章）完成序列比对。

使用 CNCB 上的序列比对工具，完成感兴趣目标核酸或蛋白序列的比对检索，分析释义比对结果，并说一说 CNCB 中的序列比对工具和 EMBL 网站中的序列比对工作之间的异同点。

本章实践项目

【基础实践项目】

1. 请使用示例文件中的序列在 EMBL 网站中完成序列比对。

2. 请查找人胰岛素和牛胰岛素的基因及蛋白序列，并使用 EMBL 中的序列比对进行分析，概况总结其结果。

【情境模拟实践项目】

流感病毒每年都会发生变异，你所在的研究小组首先需要完成 H1N1 和 H5N1 病毒的基因与蛋白的比对，其次可以选择近 5 年内的相似流行株进行比对，最后将比对的信息进行整合，并做简报。

【拓展实践项目】

1. 请选择两个感兴趣的基因，选择不同的打分矩阵完成序列比对，比较其结果的变化。

2. 探索 EMBL 中 Pairwise Sequence Alignment 中的 Local Alignment 的使用方法及结果释义。

3. 选择两个基因组较小的生物（如病毒）探索 EMBL 中 Pairwise Sequence Alignment 中的 Genomic Alignment（基因组比对）的应用。

书网融合……

题库

第五章 局部比对搜索工具（BLAST）

PPT

BLAST（Basic Local Alignment Search Tools）是生物信息学中最常用的序列分析工具之一。BLAST是一个将严密的统计学用于局部比对打分的程序，可以实现在查询序列后与数据库中的序列实现即时的比对，并得到相应的比对结果，找出与目标序列相似的序列。

学习目标

通过学习本章你应该能够：
- 能理解 BLAST 搜索的步骤。
- 能描述 BLAST 各个参数的用途。
- 能在 NCBI 上进行 BLAST 搜索。

5.1 BLAST 基础

基本局部比对搜索工具（BLAST）是 NCBI 数据库中的一个主要序列比对工具，可以用来比对蛋白质或核酸序列，发现序列之间的局部相似区域。BLAST 既是一种算法，也是基于该算法设计的一套检索工具，在输入一个查询序列（可以是核酸，也可以是蛋白质）后，基于匹配短序列片段，将其与数据库中相应的序列进行比较，根据统计模型来确定未知序列与数据库序列的最佳具备联配，从而得到匹配统计显著性结果。当输入的是 DNA 序列时，由于一个 DNA 序列可以被转换为 6 个潜在的蛋白质，因此 BLAST 算法中也包括了将蛋白质序列与动态翻译 DNA 序列数据库进行比对；反之也可以进行比对。

BLAST 搜索工具有非常广泛的应用。通过 BLAST 可以用来推断序列之间的功能和进化关系，并帮助识别基因家族的成员，主要包括：①寻找一个已知核酸或蛋白序列的同源序列，包括直系同源和旁系同源。②针对研究的目标物种，确定其存在的蛋白质和基因信息。③确定一个 DNA 或蛋白质序列的内涵。④帮助发现新基因。⑤确定已知核酸与蛋白序列已被描述的变体。

BLAST 检索具有以下优点：①使用方便，可网页直接检索，功能齐全。②速度快，结果可信度高。③由 NCBI 精心维护，持续开发。

在 NCBI 网站中 BLAST 的主页（图 5-1），可直接选择需要比对的程序。

BLAST 中有多种程序，主要包括以下五种（图 5-2）。

（1）BLASTN（nucleotide BLAST） 核酸序列与核酸数据库做比对，数据库中的每一条序列都将同查询序列进行一对一的核酸序列比对。

（2）BLASTP（protein BLAST） 蛋白质序列与蛋白质数据库做比对，数据库中存在的每一条序列都将同查询序列进行一对一的蛋白质序列比对。

（3）BLASTX 核酸序列与蛋白质数据库之间的比对。先将核酸序列翻译成可能的蛋白质序列（一条核酸序列会被翻译成可能的 6 条蛋白质序列），翻译得到的每一条序列与蛋白质序列数据库一一比对。如果已知一个 DNA 序列，想知道其编码的蛋白质的情况（DNA 序列中有编码时），可以使用 BLASTX。

（4）TBLASTN 蛋白质序列与核酸数据库之间的比对。先将核酸数据库中核酸序列翻译成蛋白质序

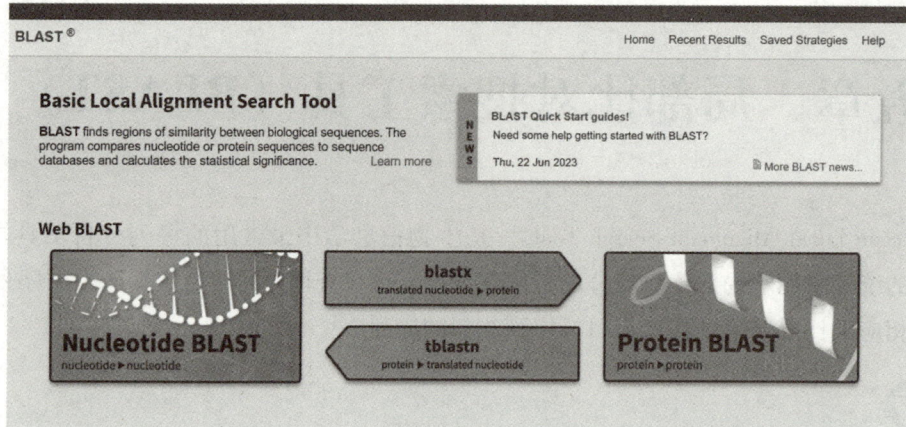

图 5 – 1 NCBI 中 BLAST 主页

列，再与目标蛋白序列进行比对。TBLASTN 的比对结果可以判断一个 DNA 数据库是否存在能编码与目标蛋白质序列高度相似的蛋白质序列。

（5）TBLASTX 核酸序列与核酸数据库之间的比对。目标序列与数据库中的每个核酸序列都按照六种阅读框翻译成蛋白质序列，再对蛋白质序列进行比对。计算十分密集，也是最耗时的比对算法。上述的（1）~（4）程序在 NCBI 的 BLAST 主页（图 5 – 2）可直接进入。

BLAST比对程序	查询的目标	检索数据库的数量	数据库
BLASTN	DNA	1	DNA
使用BLASTN对DNA两条链与DNA数据库进行比对			
BLASTP	蛋白质	1	蛋白质
使用BLASTP对蛋白质序列与蛋白质序列数据库进行比对			
BLASTX	DNA	6	蛋白质
使用BLASTX将一个DNA序列可能翻译得到的6个蛋白质序列与蛋白质序列数据库进行比对			
TBLASTN	蛋白质	6	DNA
使用TBLASTN将查询的蛋白质序列与数据库中每一条DNA可能翻译得到的6种蛋白质进行比对			
TBLASTX	DNA	36	DNA
使用TBLASTX将查询DNA以及数据库中的DNA都翻译成6种可能的蛋白质，然后进行36次蛋白质–蛋白质数据库比对			

图 5 – 2 BLAST 中五个主要的算法

💡 **知识扩展**

BLAST 算法

BLAST 算法是由 S. Altschul 等人在 1990 年提出的用于双序列局部比对的算法。该算法采用了短片段匹配算法和有效统计模型来找出查询序列和数据库序列之间的最佳局部比对结果。能实现在保持较高精确度的情况下，大幅减少检索所需的时间。

BLAST 中用于序列比对的数据几乎包括了目前所有的可用于序列比对的数据库。表 5 – 1 中总结了

NCBI 中可提供 BLAST 检索的蛋白质数据库。而对于 DNA 的 BLAST（BLASTN、TBLASTN 和 TBLASTX），默认的数据库是核酸非冗余（*nr/nt*）数据库，其中包括了 GenBank、EMBL、DDBJ、PDB、RefSeq 中的核苷酸序列。但此非冗余数据库中并未包括序列标签位点（STS）、全基因组序列（WGS）、基因勘测序列（GSS）等数据库中的核苷酸条目。表 5-2 中提供了在 NCBI 中标准 BLAST 检索中的核苷酸数据库。

表 5-1　标准 BLAST 检索可以使用的蛋白质序列数据库

数据库名称	简介
nr	所有 GenBank CDC 翻译产物 + PDB + SwissProt + PIR + PRF 数据库中去冗余序列，不包括从 WGS 项目获得的环境样本
参考蛋白质	NCBI 蛋白质参考序列
UniprotKB/SwissProt	去冗余的 UniProtKB/SwissProt 序列
获专利的蛋白质序列	GenBank 的专利部分的蛋白质序列
蛋白质数据库	PDB 蛋白质数据库
宏基因组蛋白质	WGS 代谢组项目（env_ nr）中的蛋白质
转录组	转录组鸟枪法装配（TSA）得到的序列

表 5-2　标准 BLAST 检索可以使用的 DNA 序列数据库

数据库名称	简介
人类基因组 + 转录本	人类 NCBI 注释和所有组装后的序列
小鼠基因组 + 转录本	小鼠 NCBI 注释和所有组装后的序列
nr/nt	所有 GenBank + EMBL + DDBJ + PDB + RefSeq 数据库中序列，但不包括 EST、STS、GSS、WGS 和 TSA 中的序列。
RefSeq – RNA/Genomic	NCBI 转录组标准序列和 NCBI 基因组标准序列
NCBI 基因组	NBCI 染色体序列
获专利的序列	GenBank 的专利部分的 DNA 序列
表达序列标签（EST）	GenBank + EMBL + DDBJ 数据库中的 EST 部分
基因组勘测序列（GSS）	包括单次基因组数据、外显子捕捉序列等
高通量基因组序列（HTGS）	未完成的高通量基因组序列数据；0、1、2 阶段的序列
序列标签位点（STS）	GenBank + EMBL + DDBJ 数据库的 STS 部分
全基因组鸟枪法装配序列（WGS）	Whole Genome shotgun 所得序列
转录组鸟枪法装配序列（TSA）	Transcriptome Shotgun Assembly 所得序列
细菌和古细菌的 16S rRNA 序列	16 S ribosomal RNA Sequence（Bacteria andArchaea）

5.2 BLAST 检索步骤

一般基于网页版 BLAST 的检索需要以下四个步骤。

（1）输入序列　打开 BLAST 主页（图 5-1），选择一个比对程序，如 BLASTP（图 5-3）。在序列输入框（enter query sequence）中输入目标序列（与图 5-2 中算法相对应）。可以输入、粘贴或上传序列文件。也可以通过输入 accession number（s）、gi（s），识别相应序列。如果只需要比较两个序列的相似性，则需要勾选"Align two or more sequence"，会出现"Enter Subject Sequence"的输入框，就可以分别输入目标序列进行比较。若需要比较的是序列的一部分，则可以通过"Query subrange"调整比较序列的子范围。

（2）选择数据库　在"Choose Search Set"中选择一个用于检索的数据库，以图 5 – 3 中的 BLASTP 为例，包括"Standard databases"和"Experimental database"。Standard database 中默认的是去冗余（*nr*）数据库，该数据库整合了 GenBank、Protein Data Bank（PDB）、SwissProt、Protein Information Resource（PIR，国际蛋白质序列数据库）和 Protein Research Foundation（PRF）数据库的蛋白质记录。若只检索 RefSeq 蛋白，则可以在"Database"的下拉选项中选择。同时还有其他多种数据库选择。而"Experimental database"则是以 90% 同一性和 90% 长度对序列进行聚类，从默认的 BLAST 蛋白质 nr 数据库派生而来的数据库，减少了冗余，能更快地获得结果。常用的选择是去冗余（nr）数据库，还有很多其他数据库可以在"Database"选项中进行选择。

（3）选择程序　根据目标序列和分析要求选择一个 BLAST 程序（BLASTN、BLASTP、BLASTX、TBLASTX 和 TBLASTN）。根据比对的需求选择相应的比对程序。

（4）调整参数　对比对和输出结果的参数进行调整。对"Algorithm"进行选择。如图 5 – 4 中所示，"Algorithm parameters"中主要包括三部分的参数，分别是"General Parameters（常规参数）""Scoring Parameters（评分参数）"和"Filters and Maskin（数据筛选参数）"。

1）General Parameters（常规参数）中包括以下内容。

①Max target sequence（最多展示的目标序列数目）：此项是要显示的最大对齐序列数，默认值是 100，也可以选择其他数字。

②Short queries（短查询序列）：如选择此项则其他的参数，包括"word size"和"Expect threshold"会被自动调整。

③Expect threshold（期望值阈值）：此项设置的是过滤的 E 值阈值，是随机模型中预期的机会匹配数。期望值 E，也称 E value，是指在随机情况下，获得比当前比对分数 S 相等或更高分数的可能比对序列条数（the expected number of chance alignments with a score of S or better）。如在 BLAST 中得到 Score：31.6 bits/Expect：0.050 则说明在特定的检索参数下，随机得到一个大于等于 31.6 比特的比对分数仅会在 20 次中出现一次。一般情况下，数据库检索的 E 值 < 0.05 被认为统计学上显著。若 E value = 10，则意味着可能有 10 个随机匹配获得与当前比对相等或更高的分数。在目前的 BLAST 中，E value 的大小还与数据库有关，一般要求 E value < 0.00001（$1e^{-5}$），即查询到的匹配有十万分之一的概率可能是错误的。E value 接近"0"则说明接近完全匹配。

④Word size（单词长度）：针对蛋白质和核酸，"word size"的设定不同。当一个查询序列被用于检索时，BLAST 的算法首先将其分割为一系列特定长度（word size）的短序列，也称为单词。对于蛋白质检索，单词长度可选 3（默认）或 2，在 BLASTP 中一个长的单词长度会得到更精确的检索结果。对于核苷酸，"word size"的默认值是 11，但可以增加（word size 为 15）也可以减少（word size 为 7）。减少核苷酸的"word size"在检索中会得到更多的匹配结果，但也会增加检索所需的时间。但对于 Mega-BLAST（贪婪式算法）和 DC – MegaBLAST（不连续的贪婪式算法）而言，"word size"长度被增加了，如在 MegaBLAST "word size"的长度默认值为 28，且可被设定最高值为 256。这种非常长的"word size"一般不会得到很多的匹配，所以会提高检索的速度。当需要检索的目标序列是非常长的序列时，这种 BLAST 非常高效。

⑤Max matches in a query range（查询区域内的最大匹配数）：此项将匹配数限制在查询范围内。如果查询的一个部分的许多强匹配可能会阻止 BLAST 向查询的另一部分呈现较弱的匹配，则此选项非常有用。具体的为在序列比对时，若在一个目标区域内的匹配会被其他区域出现的频繁匹配所掩盖，而这个选项可以帮助去除数据库中的冗余匹配。

2）Scoring Parameters（评分参数）中包括以下内容。

①Matrix（矩阵）：为排列残基对指定分数，并确定总体排列分数。在 BLASTP 中，有 8 个氨基酸替换矩阵可供选择：PAM30、PAM70、PAM250、BLOSUM45、BLOSUM50、BLOSUM62（默认）、BLOSUM80 和 BLOSUM90。

②Gap Costs（空位成本）：空位是一次比对中，为弥补一个序列相对于另一个的插入或缺失所引入的空格。由于突变的存在，导致一个或多个位点的插入或缺失。因此空位的出现对比对结果影响很大。因此空位的罚分较高。而空位后的位置则给予一个较小的罚分。因此在 "Gap Costs" 中有 "Existence" 和 "Extension" 两种罚分。

③Compositional adjustments（组成校正）：BLASTN 中没有此选项；在 BLASTP 中为补偿序列氨基酸组成的矩阵调整方法。这个选项的默认值为 "条件组成矩阵校正"，用于改善 E 值统计量的计算。"Compositional adjustments" 普遍大幅提高了 BLAST 检索的准确性。而在此选项中的 "conditional compositional score matrix adjustment"（条件组成打分矩阵校正），可以在比较两端序列长度相差极大等特定的情况下，减少假阳性结果的数量。

3）Filters and Maskin（数据筛选参数）中包括以下内容。

①Filter（筛选）：掩盖可能导致虚假或误导性结果的低组成复杂度区域。"Filter" 可以屏蔽查询序列中的低复杂度或组成高度偏差的部分。低复杂度序列是含有常见的无信息量的蛋白质或核苷酸重复序列。"Filter" 是针对查询序列，而并非整个数据库。在对蛋白质序列筛选掩盖低复杂度区域，常用 SEG 程序完成。对于核酸查询序列，则常用 DUST 程序完成 "Filter"。

②Mask（遮盖）：BLASTP 的 "Mask" 中包括 "Mask for lookup table only" 和 "Mask lower case letters" 两项。第一项会对超过阈值的与数据库匹配的单词进行遮盖，避免匹配到低复杂度序列或重复片段。第二项则屏蔽 FASTA 输入中的所有小写字母。允许在大写字母组成的 FASTA 格式的查询序列中，通过输入小写字母对选择的需要筛选掉的残基序列进行遮盖。此选项对于有跨膜片段的序列（能在数据库中找到上千条潜在的匹配结果），对 BLAST 的结果影响很大。

完成以上步骤点击 "BLAST" 则开始序列比对。

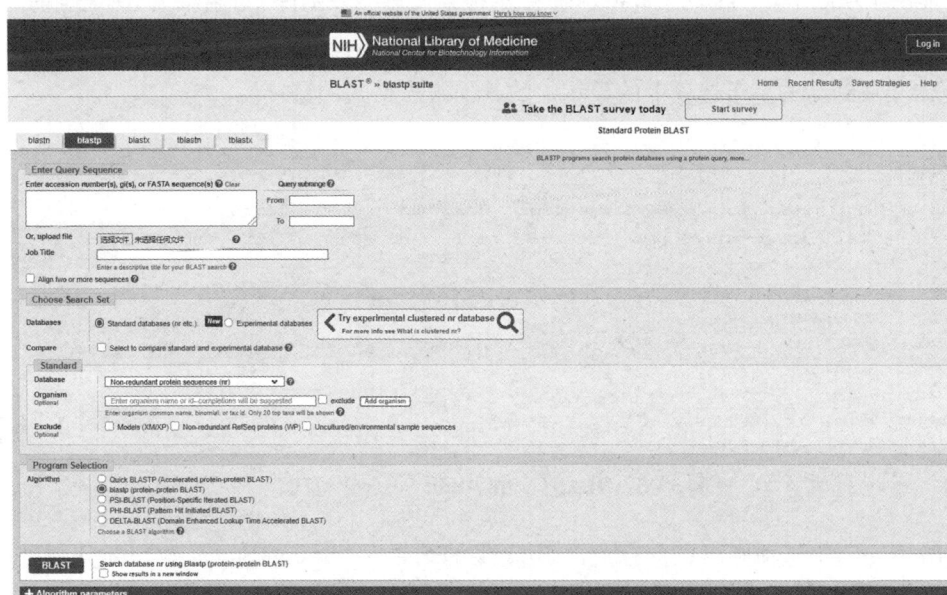

图 5 - 3　NCBI 网站上的 BLASTP 搜索的主页

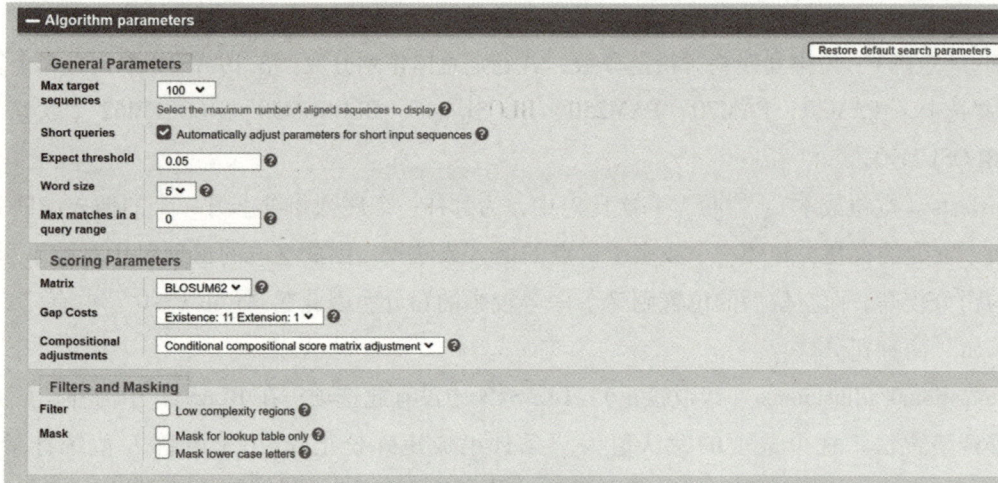

图 5 − 4　BLASTP 检索参数设置

5.3 BLAST 结果解读

BLAST 的结果部分主要有两部分。

第一部分是对检索结果的概述，一般有三个选项，即"Edit Search"（编辑比对结果）"Save Search"（保存比对结果）和"Search Summary（比对结果总结）"。图 5 − 5 是"Edit Search"的界面，可以返回到搜索页面以允许使用调整后的设置重新运行搜索。此部分中，"Job title"默认情况下显示第一个查询的序列信息，以便在提交前对其进行更好地检索标识。RID 是 BLAST search request ID，显示分配给该次检索的唯一标识符，用于共享和问题报告，也显示 BLAST 检索的具体时间，允许使用者在 24 小时再次查看结果，而不用再次做相同的 BALST 检索。Download All 显示了一个选项列表，用于将完整的搜索结果保存为所需格式（1），例如新的 XML（XML2）、JSON 和 CSV 等。Program 列出了检索所用的 BLAST 程序，图 5 − 5 中是 BLASTN（点击问号，还可以得到 BLAST 程序的具体版本号），后面的"Citation"则提供了可以引用的参考。Database 显示检索使用的数据库 nt，Query ID 是查询序列的 ID 标识。Description 是 FASTA 定义行中查询序列的标题。Molecule type 是 DNA，Query Length 是 8416，Other reports 列出了未集成到新的基于选项卡的显示中的其他报告格式的链接。

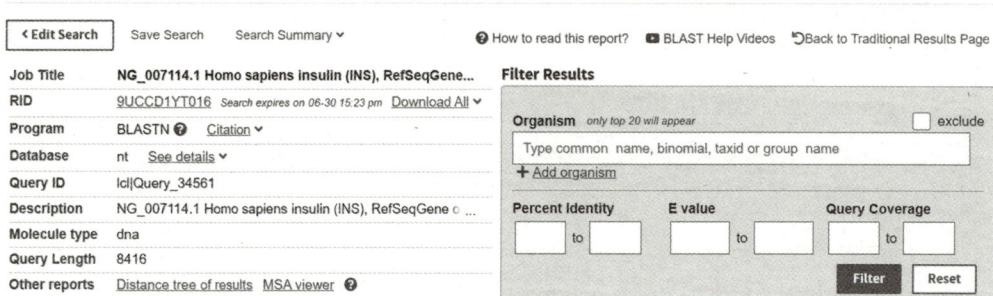

图 5 − 5　BLASTN 中"Edit Search"页面

点击"Save Search"选项则可以保存此次 BLAST 的结果。"Search Summary"部分则显示带有摘要的表格统计信息和搜索设置（图 5 − 6）。图 5 − 5 右侧的"Filter results"提供对检索结果的进一步筛选功能。可以通过设置感兴趣的生物体（Orgamism）、一致性的百分比（Percent Identity）、E 值（E value）

和查询覆盖率（Query Coverage）进行筛选。

< Edit Search　Save Search　Search Summary ▾

Search Parameters	
Program	blastn
Word size	28
Expect value	0.05
Hitlist size	100
Match/Mismatch scores	1,-2
Gapcosts	0,2.5
Low Complexity Filter	Yes
Filter string	L;m;
Genetic Code	1

Database	
Posted date	Jun 24, 2023 4:00 AM
Number of letters	1,214,626,314,905
Number of sequences	95,178,287
Entrez query	None

Karlin-Altschul statistics		
Lambda	1.33271	1.28
K	0.620991	0.46
H	1.12409	0.85

Results Statistics	
Length adjustment	40
Effective length of query	8376
Effective length of database	1210819183425
Effective search space	10141821480367800
Effective search space used	10141821480367800

图 5－6　BLAST 中“Search Summary”页面

第二部分包括“Description”“Graphic Summary”“Alignments”和“Taxonomy”（图 5－7）。“Description”部分包含 BLAST 检索中查询到的匹配序列的详细汇总表。根据 E value 进行排序，排在最前面的是匹配最好的序列。“Graphic Summary”（图 5－8）概述了与查询序列对齐的数据库序列。这些是用分数着色编码的水平条，显示查询序列上的对齐程度。每条线条代表一条找到的匹配序列，线条的长度代表匹配的片段的长度，它的颜色代表每个片段的相似性分值。红色相似性最高，排在最前面，黑色最低排在最后面。同一数据库序列上的单独对齐区域由一条灰色细线连接。鼠标悬停在对齐位置上显示数据库序列标题。单击路线会显示一个框，其中包含有关路线的详细信息，并在报告的“路线”部分中链接到序列路线本身。“Alignments”部分包含查询序列和数据库序列之间的详细比对信息（图 5－9）。“Alignment view”可以选择如何查看比对结果，默认是“pairwise”显示每个主题序列如何与查询序列单独对齐。相同序列用竖线（“｜”），空位用横线（“—”）表示。“Taxonomy”是分类学，将比对的结果按照关键词如“Organism”“Blast Name”“Score”和“Number of Hits”等进行分类（图 5－10）。

Descriptions | Graphic Summary | Alignments | Taxonomy

Sequences producing significant alignments   Download   Select columns   Show 100

select all *100 sequences selected*   GenBank Graphics Distance tree of results MSA Viewer

Description	Scientific Name	Max Score	Total Score	Query Cover	E value	Per. Ident	Acc. Len	Accession
Homo sapiens INS-IGF2 readthrough (INS-IGF2), RefSeqGene on chromosome 11	Homo sapiens	15542	15542	100%	0.0	100.00%	39098	NG_050578.1
Homo sapiens insulin (INS), RefSeqGene on chromosome 11	Homo sapiens	15542	15542	100%	0.0	100.00%	8416	NG_007114.1
Homo sapiens chromosome 11, clone RP11-889I17, complete sequence	Homo sapiens	15542	15542	100%	0.0	100.00%	170027	AC132217.15
Homo sapiens chromosome 11, clone RP4-539G11, complete sequence	Homo sapiens	8381	15933	100%	0.0	99.37%	171366	AC130303.8
Homo sapiens tyrosine hydroxylase (TH), RefSeqGene on chromosome 11	Homo sapiens	7878	7878	50%	0.0	100.00%	14877	NG_008128.1
Homo sapiens tyrosine hydroxylase (TH) gene, 3' end; insulin (INS) gene, complete cds; insulin-like grow...	Homo sapiens	7454	14271	90%	0.0	98.74%	12565	L15440.1
Homo sapiens haplotype ICa tyrosine hydroxylase (TH) gene, partial sequence; insulin (INS) gene, comp...	Homo sapiens	6865	12701	82%	0.0	99.60%	7496	AH012037.2
Gorilla gorilla tyrosine hydroxylase (TH) gene, partial cds; tyrosine hydroxylase/insulin intergenic spacer, ...	Gorilla gorilla	6357	11535	80%	0.0	97.44%	7360	AH011815.2
Pongo abelii BAC clone CH276-476G11 from chromosome unknown, complete sequence	Pongo abelii	6126	12868	96%	0.0	95.47%	223614	AC199962.4
Human gene for preproinsulin, from chromosome 11. Includes a highly polymorphic region upstream from...	Homo sapiens	5958	9288	58%	0.0	98.03%	4992	V00565.1
Pongo pygmaeus tyrosine hydroxylase (TH) gene, partial cds; tyrosine hydroxylase/insulin intergenic spa...	Pongo pygmaeus	5919	10148	75%	0.0	95.45%	6972	AH011816.2
Pan troglodytes tyrosine hydroxylase (TH) gene, partial cds; and insulin precursor (INS) gene, complete ...	Pan troglodytes	5201	11648	80%	0.0	96.69%	7355	AH011814.2
Homo sapiens insulin (INS) gene, complete cds	Homo sapiens	4606	7660	47%	0.0	98.33%	4969	AH002844.2
Human alpha-type insulin gene and 5' flanking polymorphic region	Homo sapiens	3982	4792	28%	0.0	98.62%	3943	M10039.1
Homo sapiens insulin-like growth factor 2, antisense (IGF2AS) gene, complete cds	Homo sapiens	3561	3561	22%	0.0	100.00%	20229	AY375532.1
P.troglodytes gene for preproinsulin	Pan troglodytes	3271	4444	30%	0.0	95.84%	2483	X61089.1
PREDICTED: Chlorocebus sabaeus tyrosine hydroxylase (TH), transcript variant X2, mRNA	Chlorocebus sa...	3265	4859	43%	0.0	90.83%	4873	XM_008004390.2
PREDICTED: Chlorocebus sabaeus tyrosine hydroxylase (TH), transcript variant X1, mRNA	Chlorocebus sa...	3265	4859	43%	0.0	90.83%	4885	XM_008004333.2
Homo sapiens insulin isoform U2 (INS) mRNA, complete cds, alternatively spliced	Homo sapiens	3144	3144	20%	0.0	100.00%	1707	MT335688.1
Human insulin/IGF-II intergenic region with adult IGF-II promoter	Homo sapiens	2785	2785	18%	0.0	99.67%	1523	X05331.1
Homo sapiens ins gene, partial	Homo sapiens	2545	2545	16%	0.0	99.64%	1393	AJ009655.1
Expression vector pSP20, complete sequence	Expression vect...	1646	1646	10%	0.0	100.00%	5784	MN811117.1
Gorilla gorilla insulin gene, partial cds	Gorilla gorilla	1594	1594	11%	0.0	96.05%	978	AY092023.1
C.aethiops gene for preproinsulin	Chlorocebus ae...	1511	2347	22%	0.0	89.68%	1909	X61092.1
Homo sapiens chromosome 11 tyrosine hydroxylase (TH) gene, introns 3, 4, 5, 6, 7, 8, 9, 10, 11, 12, and 13	Homo sapiens	1495	2439	16%	0.0	98.81%	5413	AH010044.2
Pongo pygmaeus insulin gene, partial cds	Pongo pygmaeus	1439	1439	11%	0.0	93.33%	972	AY092024.1
PREDICTED: Pan troglodytes insulin (INS), transcript variant X1, mRNA	Pan troglodytes	1421	1686	11%	0.0	98.39%	975	XM_016919751.2
Human insulin gene; alpha allele 5'flank (ullrich)	Homo sapiens	1360	2580	14%	0.0	96.49%	1358	J00266.1
Owl monkey (A.trivirgatus) insulin gene, complete cds	Aotus trivirgatus	1354	1354	16%	0.0	84.94%	2113	J02989.1
PREDICTED: Pongo abelii tyrosine hydroxylase (TH), transcript variant X3, mRNA	Pongo abelii	1334	3063	22%	0.0	94.95%	3064	XM_024254901.2
PREDICTED: Pongo abelii tyrosine hydroxylase (TH), transcript variant X2, mRNA	Pongo abelii	1334	3063	22%	0.0	94.95%	2971	XM_024254904.2
PREDICTED: Pongo abelii tyrosine hydroxylase (TH), transcript variant X1, mRNA	Pongo abelii	1334	3063	22%	0.0	94.95%	2983	XM_024254903.2
PREDICTED: Pan paniscus insulin (INS), mRNA	Pan paniscus	1327	1592	10%	0.0	98.41%	901	XM_034931941.3
Human tyrosine hydroxylase gene, 3' flank	Homo sapiens	1308	1308	9%	0.0	97.65%	759	M93281.1

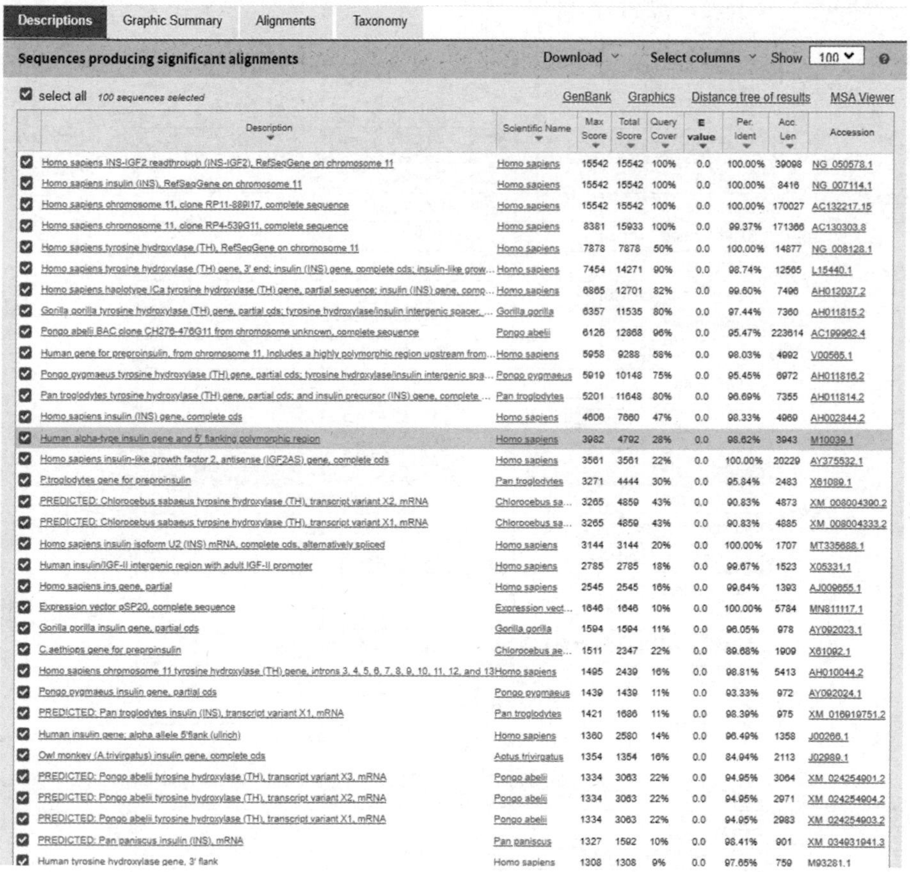

图 5－7　BLASTN 结果描述

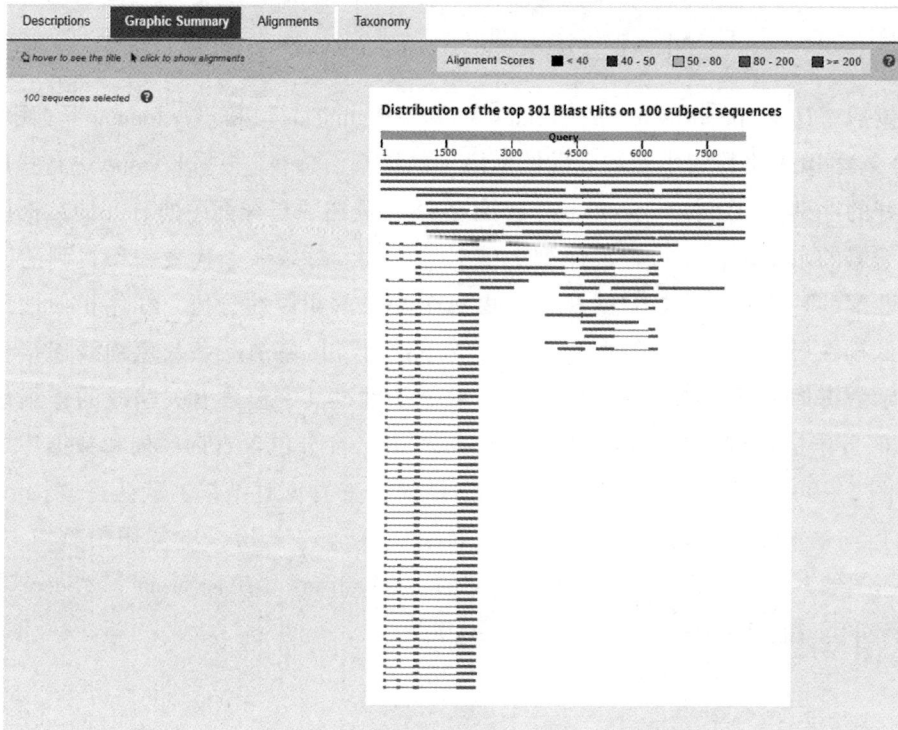

图 5－8　BLASTN 总览图（Graphic Summary）

⬇ Download ⌄   GenBank Graphics

Homo sapiens INS-IGF2 readthrough (INS-IGF2), RefSeqGene on chromosome 11

Sequence ID: NG_050578.1 Length: 39098 Number of Matches: 1

Range 1: 16 to 8431 GenBank Graphics   ▼ Next Match ▲ Previous Match

Score	Expect	Identities	Gaps	Strand
15542 bits(8416)	0.0	8416/8416(100%)	0/8416(0%)	Plus/Plus

```
Query  1    GGCGGCCAGGGAAGGTCTCTGCCGCCAGGGAAGTGTCCCAGAGACCCCTGGAGGGGCTGC  60
            ||||||||||||||||||||||||||||||||||||||||||||||||||||||||||||
Sbjct  16   GGCGGCCAGGGAAGGTCTCTGCCGCCAGGGAAGTGTCCCAGAGACCCCTGGAGGGGCTGC  75

Query  61   TGACACCCCCGGTGCCCCCACCTCGAGCATGACCCAGGGCTGCCTCTCCCCATCCTTCAT  120
            ||||||||||||||||||||||||||||||||||||||||||||||||||||||||||||
Sbjct  76   TGACACCCCCGGTGCCCCCACCTCGAGCATGACCCAGGGCTGCCTCTCCCCATCCTTCAT  135

Query  121  CCTCCCTGCTCCACAGGACATTGGCCTGGCGTCCCTGGGGGCCTCGGATGAGGAAATTGA  180
            ||||||||||||||||||||||||||||||||||||||||||||||||||||||||||||
Sbjct  136  CCTCCCTGCTCCACAGGACATTGGCCTGGCGTCCCTGGGGGCCTCGGATGAGGAAATTGA  195

Query  181  GAAGCTGTCCACGGTGGGTTGACCCCTCCCTGCAGGGCCTGGGGTGTGGGTTTGGGGGTC  240
            ||||||||||||||||||||||||||||||||||||||||||||||||||||||||||||
Sbjct  196  GAAGCTGTCCACGGTGGGTTGACCCCTCCCTGCAGGGCCTGGGGTGTGGGTTTGGGGGTC  255

Query  241  TGAATCCAGGCCTCACCCTCTTGCCGTCCAGGCTGAGGCCTCTCCTTCCACCCACGAATT  300
            ||||||||||||||||||||||||||||||||||||||||||||||||||||||||||||
Sbjct  256  TGAATCCAGGCCTCACCCTCTTGCCGTCCAGGCTGAGGCCTCTCCTTCCACCCACGAATT  315

Query  301  GTGACCCTCACCCTGGCCTGCCTGCATCCTGGCCTGGCCTCCCTGGGGGTGGTATCCTGG  360
            ||||||||||||||||||||||||||||||||||||||||||||||||||||||||||||
Sbjct  316  GTGACCCTCACCCTGGCCTGCCTGCATCCTGGCCTGGCCTCCCTGGGGGTGGTATCCTGG  375

Query  361  TCACGGGTGACCAGGGGCTGCCCGGGTGGGCGGCAGCTGTCTCTGGGCTGATGCTGCCCGG  420
            ||||||||||||||||||||||||||||||||||||||||||||||||||||||||||||
Sbjct  376  TCACGGGTGACCAGGGGCTGCCCGGGTGGGCGGCAGCTGTCTCTGGGCTGATGCTGCCCGG  435

Query  421  CTTCCCCGCAGCTGTACTGGTTCACGGTGGAGTTCGGGCTGTGTAAGCAGAACGGGGAGG  480
            ||||||||||||||||||||||||||||||||||||||||||||||||||||||||||||
Sbjct  436  CTTCCCCGCAGCTGTACTGGTTCACGGTGGAGTTCGGGCTGTGTAAGCAGAACGGGGAGG  495

Query  481  TGAAGGCCTATGGTGCCGGGCTGCTGTCCTCCTTACGGGGAGCTCCTGGTGAGAGTCTCTC  540
```

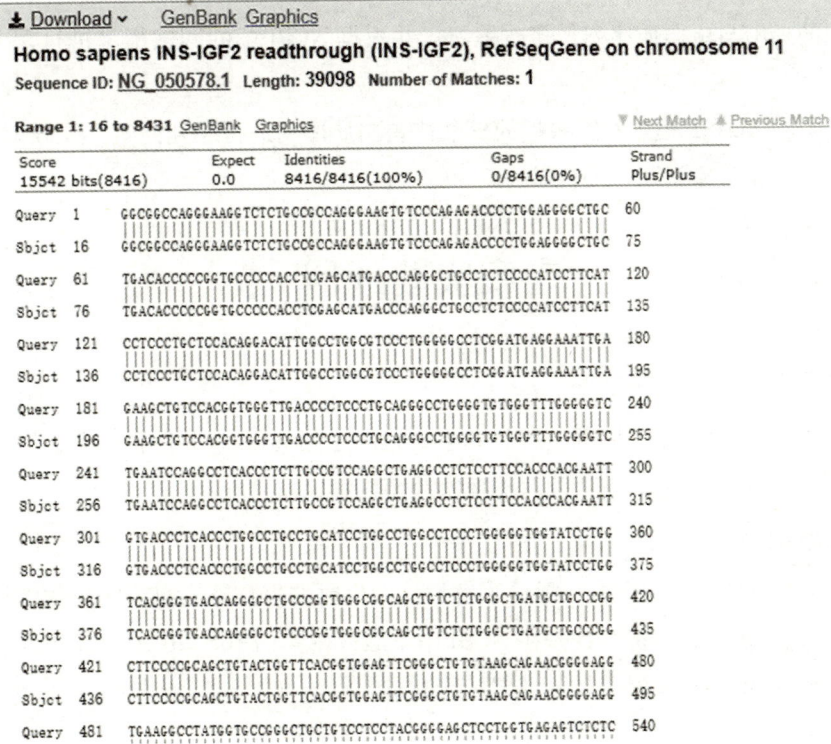

图 5 – 9 BLASTN 序列比对详细信息（Alignment）

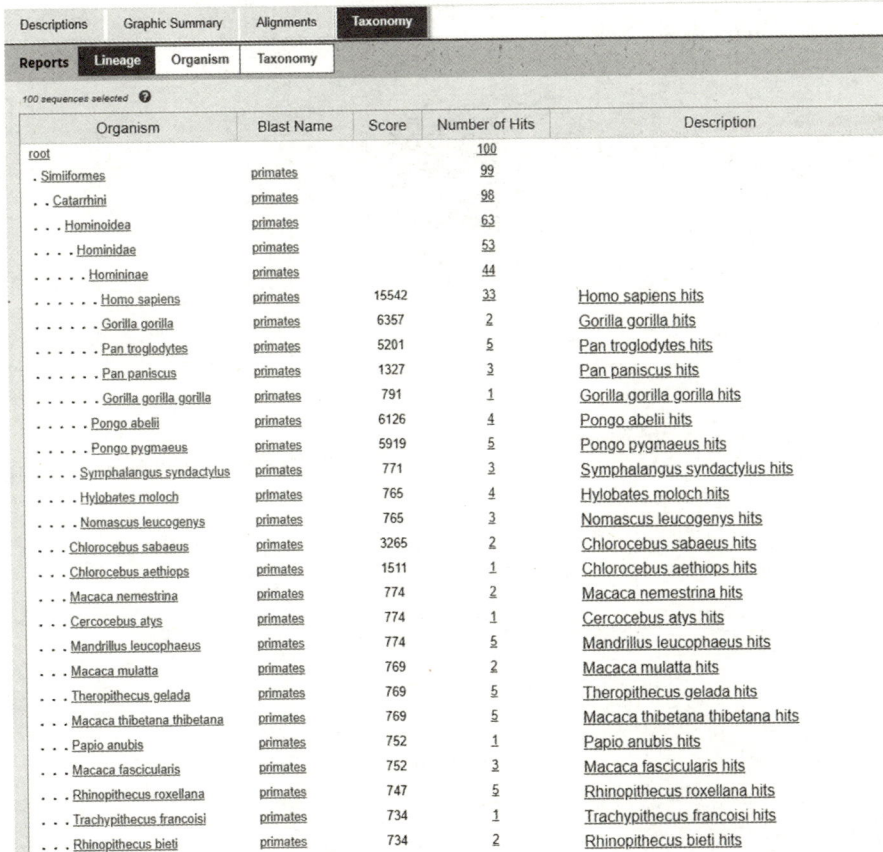

Descriptions	Graphic Summary	Alignments	**Taxonomy**

Reports	Lineage	Organism	Taxonomy

100 sequences selected ❓

Organism	Blast Name	Score	Number of Hits	Description
root			100	
. Simiiformes	primates		99	
. . Catarrhini	primates		98	
. . . Hominoidea	primates		63	
. . . . Hominidae	primates		53	
. . . . . Homininae	primates		44	
. . . . . . Homo sapiens	primates	15542	33	Homo sapiens hits
. . . . . . Gorilla gorilla	primates	6357	2	Gorilla gorilla hits
. . . . . . Pan troglodytes	primates	5201	5	Pan troglodytes hits
. . . . . . Pan paniscus	primates	1327	3	Pan paniscus hits
. . . . . . Gorilla gorilla gorilla	primates	791	1	Gorilla gorilla gorilla hits
. . . . . Pongo abelii	primates	6126	4	Pongo abelii hits
. . . . . Pongo pygmaeus	primates	5919	5	Pongo pygmaeus hits
. . . . Symphalangus syndactylus	primates	771	3	Symphalangus syndactylus hits
. . . . Hylobates moloch	primates	765	4	Hylobates moloch hits
. . . . Nomascus leucogenys	primates	765	3	Nomascus leucogenys hits
. . Chlorocebus sabaeus	primates	3265	2	Chlorocebus sabaeus hits
. . Chlorocebus aethiops	primates	1511	1	Chlorocebus aethiops hits
. . Macaca nemestrina	primates	774	2	Macaca nemestrina hits
. . . Cercocebus atys	primates	774	1	Cercocebus atys hits
. . . Mandrillus leucophaeus	primates	774	5	Mandrillus leucophaeus hits
. . . Macaca mulatta	primates	769	2	Macaca mulatta hits
. . . Theropithecus gelada	primates	769	5	Theropithecus gelada hits
. . . Macaca thibetana thibetana	primates	769	5	Macaca thibetana thibetana hits
. . Papio anubis	primates	752	1	Papio anubis hits
. . Macaca fascicularis	primates	752	3	Macaca fascicularis hits
. . . Rhinopithecus roxellana	primates	747	5	Rhinopithecus roxellana hits
. . . Trachypithecus francoisi	primates	734	1	Trachypithecus francoisi hits
. . . Rhinopithecus bieti	primates	734	2	Rhinopithecus bieti hits

图 5 – 10 BLASTN 分类（Taxonomy）

【对学生的学习建议】

请选择感兴趣的核酸与蛋白质序列，多次练习，并根据 NCBI 中的网站指南进行深入分析所得的比对结果。

请使用 CNCB 中的 BLAST 程序对感兴趣的核酸或蛋白质序列进行序列比对。比较 CNCB 和 NCBI 中 BLAST 的异同点，并总结检索过程中的优缺点。

本章实践项目

【基础实践项目】

1. 通过 BLAST 检索人胰岛素的同源基因，并下载编码序列（CDS），保存为 FASTA 格式。
2. 多结构域蛋白（HIV1 – pol ）的 BLAST 检索及结构释义。

【情境模拟实践项目】

一生物公司在研发一种新型抗生素，需要了解目标微生物的生长及代谢等的生物学特性，需要针对其 16S rRNA 序列进行生物信息分析。首先在 NCBI 中下载微生物的 16S rRNA 全部序列，建立本地数据库，再任选一条 16S rRNA 基因序列进行 BLASTN 比对。

【拓展实践项目】

新冠病毒有多个变异株，任选一种，并对其基因或蛋白序列进行 BALST 分析，并对结果进行释义。

书网融合……

题库

第六章 分子水平的系统发育

所有的生命形式都可以追溯到共同的祖先，不同的物种随着时间的推移不断演化，就像树一样生长、分叉，形成从共同的祖先到目前郁郁葱葱的生命进化树。通过演化的生物过程，不同的生命形式得到了决定物种形态和生理特性的遗传信息。在分子水平上，这种遗传信息的突变则是演化过程中的"适者生存"。

在达尔文的《物种起源》中，全书唯一的配图是一棵比较正式的生命树，首次将生物之间的关系用"树"的形式联系并展示，以分枝系统表现了共同祖先至后代的演化过程。在生命树的下方，达尔文用文字表述道："我想以这样的例子呈现物种间的关系，经由世代积累，而其中同一属的许多物种会走向灭绝。"达尔文用生命树解释了灭绝动物和现代动物的关系，同时也开启了绘制地球上所有物种的生命之树的征程。

学习目标

通过学习本章你应该能够：

- 能描述系统发育树的基本概念。
- 能描述系统发育树的类型及其组成。
- 能描述分子钟理论。

知识链接

达尔文在《物种起源》的介绍部分写到"在考虑物种起源时，可以想象的是，通过反思有机生物的相互亲缘关系、它们的胚胎学关系、地理分布、地质序列和其他诸如此类的事实时，可能会得出这样的结论：每个物种都不是独立创造的，而是像变种一样从其他物种进化而来。然而，这样的结论，即使有充分的依据，也不会令人满意，除非它能够证明居住在这个世界上的无数物种是如何被改造的，以获得结构和共同适应的完美，这正是令人钦佩的。"在线阅读原文连接："https：//www. literature. org/authors/darwin－charles/the－origin－of－species－6th－edition/index. html"

6.1 分子系统发育树的基本概念

系统发育（Phylogeny）是与个体发育相对的概念，是指某一个类群的形成和发展过程，也称系统发生。应用生物大分子数据研究系统发生，分析物种演化，建立物种的亲缘关系，被称为分子系统发育学（Molecular Phylogenetics）。根据各种生物在分子水平上的进化关系可以构建分子进化的系统发育树（Phylogenetic Tree），直观地显示物种间的亲缘关系。最常见的是根据对小亚基核糖体 RNA（SSU rRNA）进行测序和系统发生分析构建的生命进化树（图 6-1），包括三个主要分支：细菌（Bacteria）、古菌（Archaea）和真核生物（Eukaryotes）。在此进化树中，古细菌与细菌和真核生物的进化距离相当，虽然古菌像原核生物一样具有细胞壁，但缺乏肽聚糖，它们的 DNA 如真核生物一样被包裹在组蛋白上。古菌是基于小亚基核糖体 RNA 序列分析发现的一个新分类，具有一些独有的特征，如细胞膜中含有独特的醚键及分枝脂链、细胞壁中的假肽聚糖等，这些特殊的结构可以帮助其适应极端环境，减小生存压力。根据此生命进化树建立了生物界的"三域系统"（Three Domains of Living Things），后续的研究证明这是目前最好的进化分类方法。

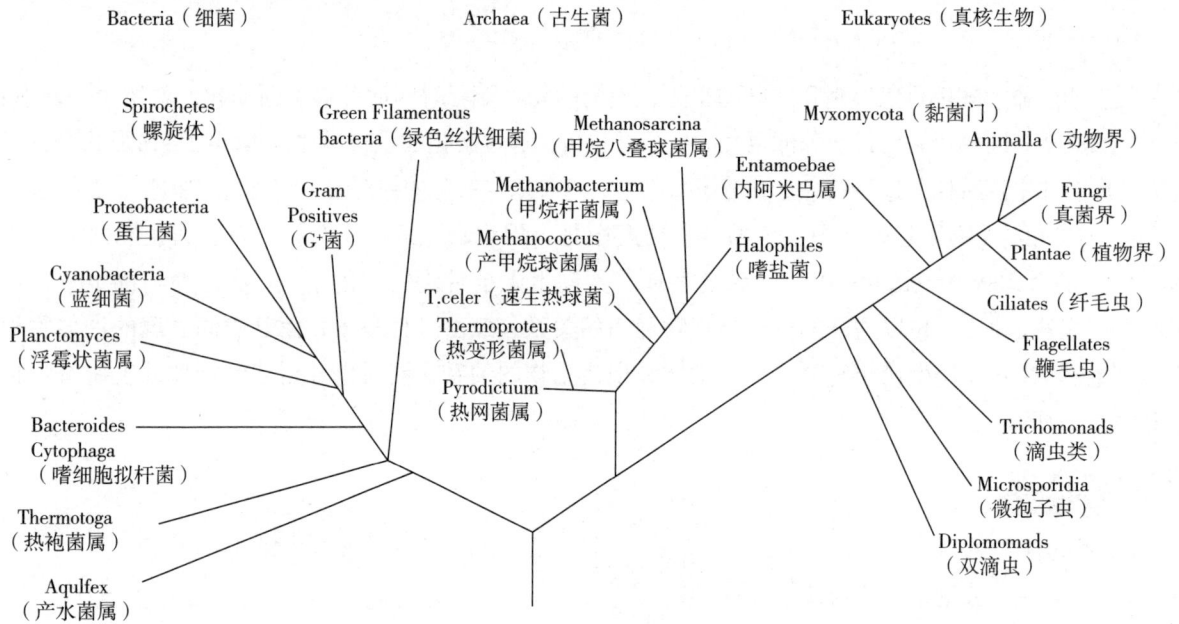

图 6 - 1　生命进化树

　　系统发育的目标之一是为所有的物种推测出正确的生命树。初始阶段，人们通过可观察的表型特征进行系统发育，随着核酸和蛋白质测序技术的发展，大分子序列数据为系统发育分析提供了更直接的基础数据。系统发育的另一个目标是推断或估算亲缘关系相近物种的分歧时间，这个分歧时间是从它们所拥有的最近的共同祖先开始算起。表性特征和亲缘关系都与自然选择中的正选择和负选择密切相关。达尔文的进化论中，一个种群的演化，在表型水平上，对于生存有利的性状会被自然选择保留（正选择），而不利于生存的性状则会被淘汰（负选择）。在分子水平上，这种正选择或负选择则体现在 DNA 序列的变化上。一个有代表性的例子则是溶菌酶。溶菌酶可以分解细菌肽聚糖，从而作为一种抑菌蛋白质存在于动物的部分体液中。在溶菌酶的进化过程中，大约在两千五百万年前，溶菌酶基因发生复制，并在山羊、牛和鹿的祖先的胃部形成了一种新的消化功能，有利于此祖先种群的生存。在一千五百万年前的叶猴等以树叶为食的猴类中也出现了该功能。在这两个事件中，溶菌酶形成新的功能后，由于正选择的作用，其氨基酸替代率也随之加快。

6.2 分子系统发育树的特征及类型

6.2.1 分子系统发育树的特征

　　系统发育树是一个由一系列分支（Branch）和节点（Node）组成的图（图 6 - 2）。图中的拓扑结构（Topology）呈现了研究对象之间的分子系统发育关系，可表示演化事件发生的先后关系，还可以表示有关演技对象分歧程度的信息。树中的每个节点代表一个分类单元（生物分子序列或物种）。分支为节点之间的连接线，代表分类单元之间的演化关系（Evolution Relationship），分支长度有时（但不总是）可反映树中研究对象之间的相关程度。分支末端的节点为外部节点，对应一个实际的分类单元，又称为可操作分类单元（Operational Taxonomic Unit, OTU）。在分支上与外部节点相对应的是内部节点，代表一个推测出的共同祖先（Common Ancestor）。一般内部节点只有两个分支，因此也称为二叉节点（Bifurcating），但有时也有三个或多个分支，即是多叉（Multifurcating）。多叉的节点一般代表一个祖先种群同时产生了三个或三个以上的独立分支，或者是在过去某时发生了两个或多个二叉分歧，但基于目前的数据无法确定其发生的先后顺序，由此形成了多叉。由单一祖先及其所有后裔组成的群体称为世系（clade）。

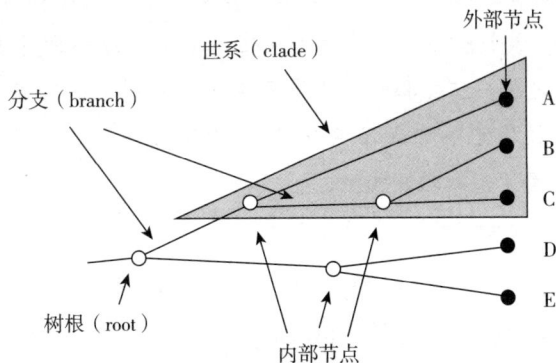

图 6-2 系统发育树示例

6.2.2 分子系统发育树的类型

系统发育树按分支信息可分为标度树（Scaled Tree）和非标度树（Unscaled Tree）。标度树又称为进化分支图（Phylogram），在标度树中，分支的长度一般与分类单元之间的变化成正比，连接两个节点的分支长度准确地表示它们之间的差异。而非标度树又称进化分支图（Cladogram），仅表示它们之间的亲缘关系，而并无准确的差异信息。

系统发育树中的树根代表了所有被比较分类单元最近的共同祖先。但在很多情况下，树的根节点现在并不能被确定，一些构建发育树的方法也不去刻意推测根节点的位置。因此系统发育树按照能否推断出共同祖先和进化方向分为了有根树和无根树（图 6-3）。有根树（Rooted Tree）的树根为一个共同祖先节点，从树根到演化的任何节点只有唯一的路径，如图 6-3（a）中从树根（Root）到分类单元Ⅲ的只有图中按箭头的唯一路径。而无根树（Unrooted tree）（图 6-3b）只表明分类单元之间的关系，而并无进化路径的具体信息。而若要在无根树中推测根节点，则可通过引入外部参考物种作为外群（Outgroup）。如在构建人类（Human）与大猩猩（Gorilla）的系统发育树时，可以引入狒狒（Baboon）作为外群。

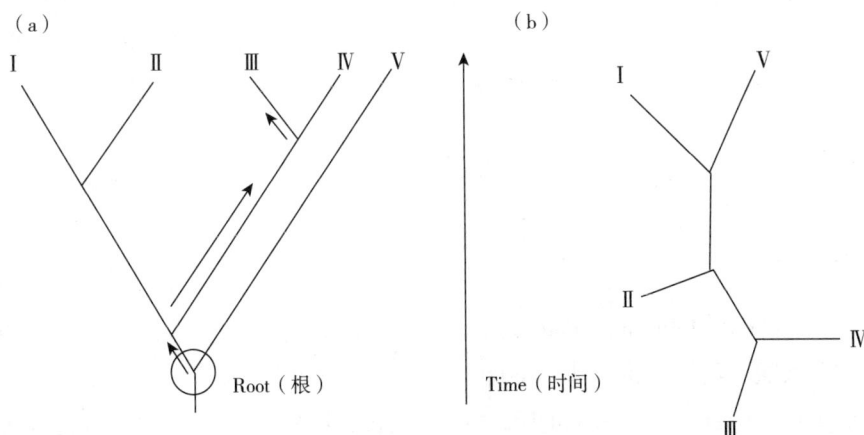

图 6-3 有根树和无根树

（a）有根树；（b）无根树

💡 **知识扩展**

分子钟假说中的氨基酸差异研究

Emil Zuckerkandl 和 Linus Pauling 观察人类球蛋白的差异氨基酸数量后发现，β 球蛋白和 δ 球蛋白大约有 6 个差异，β 球蛋白和 γ 球蛋白约 36 个差异，α 球蛋白和 β 球蛋白约 78 个差异，以及 α 球蛋白和 γ 球蛋白约 83 个差异。人类和大猩猩（α 球蛋白和 β 球蛋白）间的氨基酸差异分别为 2 个或 1 个。他们通过化石证据推测，人类和大猩猩自一千一百万年前的共同祖先开始发生分歧。利用此分歧时间为校准点，完成了 β 球蛋白与 δ 球蛋白来自于约四千四百万年（MYA，百万年）的共同祖先的基因复制等推测工作。

当用生物大分子序列数据构建一棵系统发育树时，可选择 DNA、RNA 或蛋白质为分类单元，如基因同源基因差异构建的系统发育树称为基因树（Gene Tree），而想要研究一组蛋白质的多重序列比对进而构建系统发育树时则成为蛋白质树（Protein Tree）。根据所要研究的目标选择合适的分类单元，构建得到能反映分类单元之间系统发育关系的树。基于 DNA 构建的系统发育树往往会比蛋白质得到更多的信息，这是由于：①DNA 包含了同义核苷酸突变和非同义核苷酸突变的研究。②DNA 替代包括在序列比对中直接可见的替代，如单核苷酸替代、连续替代以及并发替代。可从序列比对的结构中推断出与突变历程相关的更多信息。③可以利用分子系统发育分析非编码区，如非翻译区或内含子。这些区域基本没有保持核苷酸序列的进化选择压力，因此存在较大差异。④转换和颠换的速率可被估算。

虽然使用 DNA 为分类单元分析能获得更多的信息，但有时仍更倾向于使用蛋白质来构建系统发育树。这是由于 DNA 由 4 种核苷酸组成，而蛋白质由 20 种氨基酸组成，所以拥有更强的系统发育信号。而两个生物体之间的进化距离可能会达到用任何 DNA 序列都无法估计的程度，换言之，所有可能的核苷酸位点都发生替换，以至于系统发育的信号丢失。

💡 **知识扩展**

转换和颠换

转换是两个嘌呤核苷酸之间发生替代（A 变成 G 或 G 变成 A）或两个嘧啶之间发生的替代（C 变成 T 或 T 变成 C）。颠换是嘌呤与嘧啶之间发生替换，如 A 变成 C、G 变成 T 等 8 种可能。国际理论与应用化学联合会（The International Union of Pure and Application Chemistry，IUPAC）除去对常见的 A（腺嘌呤）、T（胸腺嘧啶）、G（鸟嘌呤）、C（胞嘧啶）进行了定义，还定义了附加的简写，包括不特指或未知的核苷酸（N）、不特指的嘌呤核苷酸（R）及不特指的嘧啶核苷酸（Y）。

6.3 分子钟假说

1962 年，Emil Zuckerkandl 和 Linus Pauling 通过根据化石证据发现，不同谱系之间血红中氨基酸差异的数量与时间变化大致呈线性关系。他们将这一观察结果概括为"任何特定蛋白质的演化变化率随时间和不同谱系大致恒定"。1963 年，Emanuel Margoliash 首次注意到不同物种间细胞色素 C 之间遗传的等距现象，与 Emil Zuckerkandl 和 Linus Pauling 的工作结合，建立了早期分子钟假说的正式假设。

分子钟假说认为，对于每一个给定的基因或蛋白质而言，其分子演化的速率是近似恒定的。分子钟

（molecular clock）的概念则用于根据生物分子的突变率来推断史前时期两种或多种生命形式发生分歧的时间。通常用于分子进化以推测物种形成的时间，也被称为基因时钟或进化时钟。

1971 年，Richard Dickerson 的研究证实了分子钟的存在。通过大量分析细胞色素 C、血红蛋白和血纤维蛋白肽的序列数据，以某种蛋白质在两个物种间差异氨基酸位点数为 y 轴（后经修正为每 100 个氨基酸残基中的差异氨基酸数目），相对于该两个物种的分歧时间（以百万年为单位）为 x 轴进行作图，得到了不同蛋白质家族具有不同的演化速率的图，并得到以下结论：①每个蛋白质上氨基酸变化的速率是恒定的。②不同蛋白质的平均氨基酸变化速率是不尽相同的。③蛋白质家族的变化速率的不同反映了自然选择所施加的功能性约束力的差异性。

演化速率（Evolutionary Rate）是指分子的演化速率，即核酸或蛋白质等分子中核苷酸或氨基酸的在一定时间内的替换率，也指某一类群的物种分化速率，在描述某一特定性状的演化中也可以特指此性状的演化速率。根据分子钟假说，如果蛋白质序列以恒定的速率演化，那么它们就可以被用于推算序列发生分歧的时间，以此来建立物种间的系统发育关系。但分子钟假说并不适用于所有的蛋白质，大量的现代研究证据表明，在长期进化过程中，很多类群的绝大多数核酸或蛋白质的序列替换速率并不符合分子钟假说，如：①不同物种可能有不同的分子进化速率，一个简单的例子，某些病毒序列较其他生命形式的演化速率快。②分子钟对于不同基因或一个基因的不同部分推测的结果可能不同。③一个基因只有在进化历程中持续的保持其生物学功能时，分子钟才适用。

尽管存在诸多的问题，但分子钟假说仍然被证明在大多数已被适用的先例中是有效的。

6.4 MEGA 构建系统发育树的实践

本部分练习使用 MEGA 软件中的主要方法——邻接法（Neighbor Joining，NJ），构建系统发育树。

💡 知识扩展

邻接法

邻接法（Neighbor Joining）是 1987 年由 N. Saitou 和 M. Nei 提出的基于距离最小的构建系统发育树的算法，是最小进化（Minimum Evolution）法的简化。首先由一颗星状树开始，所有分类单元都从一个中心节点出发。然后通过确定距离最近的相邻分类单元，通过循环将相邻节点合并成新的节点，使进化树分支的总长也尽可能地小，从而建立一个相应的拓扑树。

6.4.1 基因序列的获得

（1）打开 NCBI 主页，选择"Protein"数据库，检索"insulin AND human［orgn］"得到（*Homo sapiens*）的蛋白质序列（图 6 - 4），并以 FASTA 格式保存到 ins_ sequence. fasta 的新文件中。

FASTA ▾

insulin [Homo sapiens]

GenBank: AAA59172.1

GenPept　Identical Proteins　Graphics

>AAA59172.1 insulin [Homo sapiens]
MALWMRLLPLLALLALWGPDPAAAFVNQHLCGSHLVEALYLVCGERGFFYTPKTRREAEDLQVGQVELGG
GPGAGSLQPLALEGSLQKRGIVEQCCTSICSLYQLENYCN

示例序列

图 6 - 4　人胰岛素的氨基酸序列

（2）将保存的序列通过 NCBI 的 BLAST 中的 BLASTP 程序检索与人胰岛素相似的蛋白序列（图6-5）在检索结果中任选5个或以上不同物种的胰岛素序列（本示例中选择了7个不同物种），并将相应蛋白序列复制到 ins_ sequence. fasta 文件中。

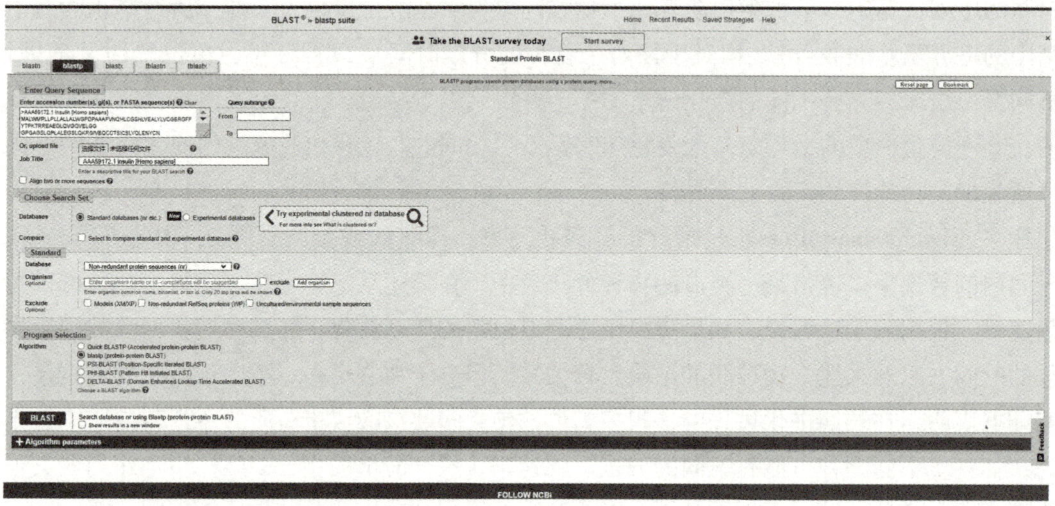

图6-5　NCBI 网站中 BLASTP 程序中检索与人胰岛素相似的蛋白序列

6.4.2 MEGA 构建进化树——NJ 法

（1）打开 MEGA 软件。导入序列：在"File"中选择"open a file/session"，再选择已获得的以"ins_ sequence"命名的 fasta 文件，在的弹出的窗口中选择"Align"，即进行序列比对。

也可以在"Data"中选择"open a file/session"，导入以"ins_ sequence"命名的 fasta 文件。

（2）序列导入后，在弹出的对话框中选择"Alignment"（默认是"Align by ClustalW"），即可以得到结果（图6-6）。也可以在"Alignment"选项下选择"Align by Muscle"，Muscle 比 ClustalW 的比对速度更快，比对的序列越多，速度差别越大。

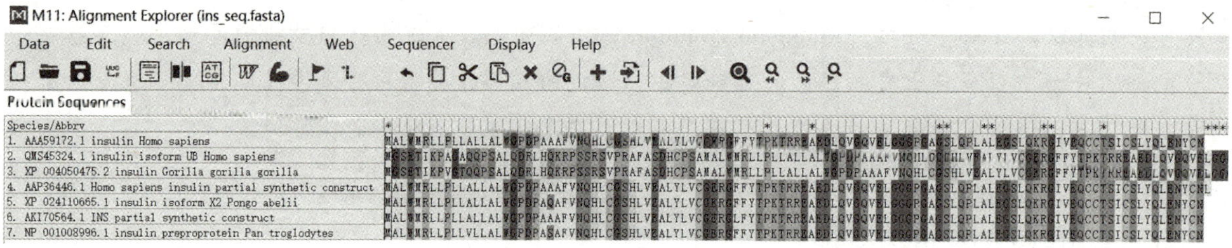

图6-6　MEGA 序列比对的结果

（3）得到初步比对结果后，需要人工检查序列比对的情况，如果序列的两端不齐，则需要将序列的两端对齐。通过选择序列两端不齐的部分，按右键选择"delete"或进行其他操作如"cut""paste"等。通过这种方式可以手动调整 gap（空位）的位置，也可以去除包括 gap 的列。最后为了以后方便使用可以将比对后的序列结构先保存成 *. mas 文件，如 ins_ sequence. mas。

（4）完成人工调整后的比对结果可以保存为 MEGA 自身的 MEG 格式，选择菜单中的 Data→Export→MEGA format，保存为 ins_ sequence. meg 文件，在弹出的"Input title of the data"框中输入"insulin"，再点"OK"按钮。

（5）关闭比对结果，在 MEGA 主程序窗口中的工具栏中选择"Phylogeny"按钮（图6-7）。选择

"Construct/Test Neighbor – Joining Tree"，在弹出的对话框中选择文件"ins_ sequence. meg"。并在随后跳出的"Analysis Preferences"对话框（图6-8）中设置参数。

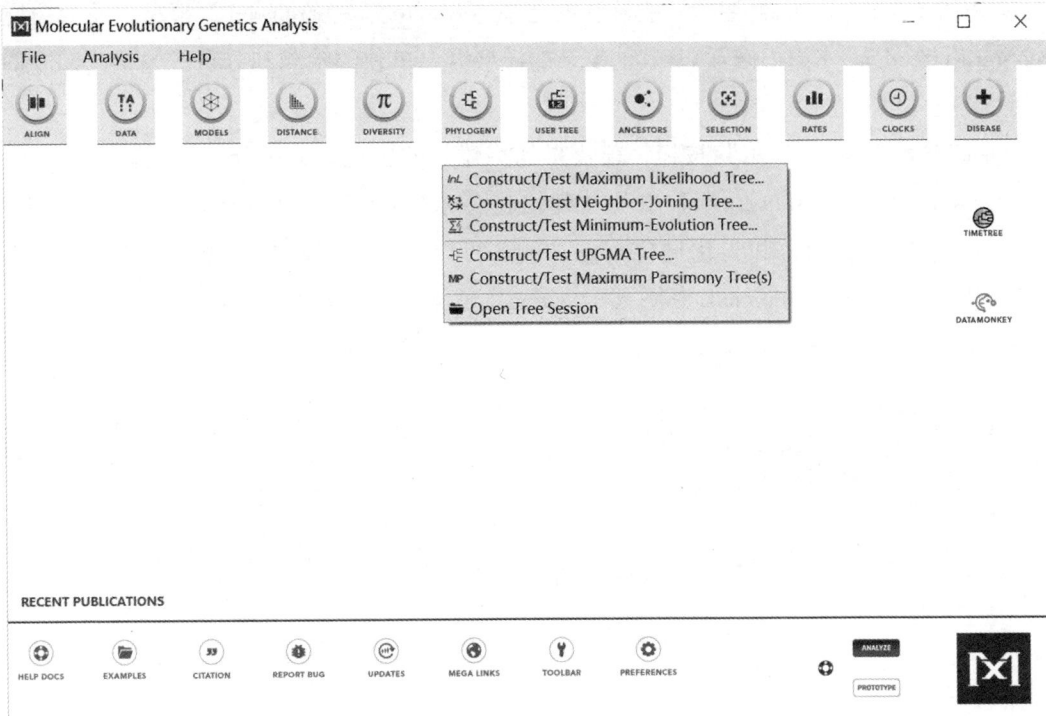

图6-7　MEGA 软件中建树方法菜单

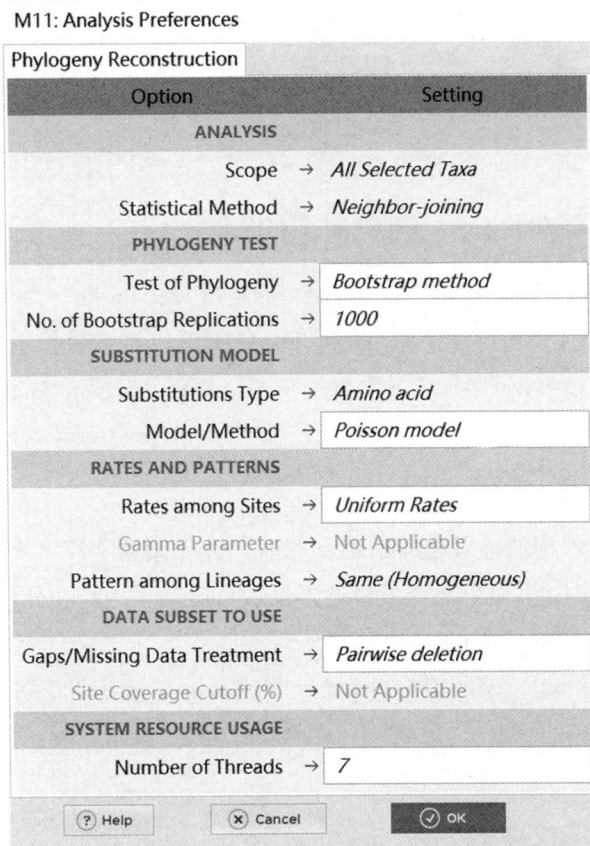

图6-8　NJ 法参数设置

（6）可以根据具体的比对要求修改此部分的参数，这里只将"test of phylogeny"设定为"Bootstrap"，且将"No. of Bootstrap Replication"改为"1000次"，其他采用默认值。基于核苷酸或蛋白质序列的NJ法建树需要选择特定的模型，一般核苷酸选择"Kimura 2 - parameter"模型；而蛋白质序列则选择"Poisson Correction"（泊松修正）。其他复杂的模型需要单独的检测和分析。关于此部分的其他参数设置，可以参考MEGA的说明书。

（7）设定好参数后点击"OK"按钮，很快得到构建好的进化树，在分支处还显示分支的支持率（图6－9）。一般认为，Bootstrap值大于70则构建的进化树较为可靠，而小于50则认为此树不可信。

（8）MEGA中也提供调整和美化进化树的功能。可以改变展示的树类型，在View中的"Tree/Branch Style"中可以选择 tranditional 中的 rectangular（长方形）、Straight（直线形）或 curved（曲线型），与 tranditional 对应的还有 radiation（辐射形）和 circle（环形）。

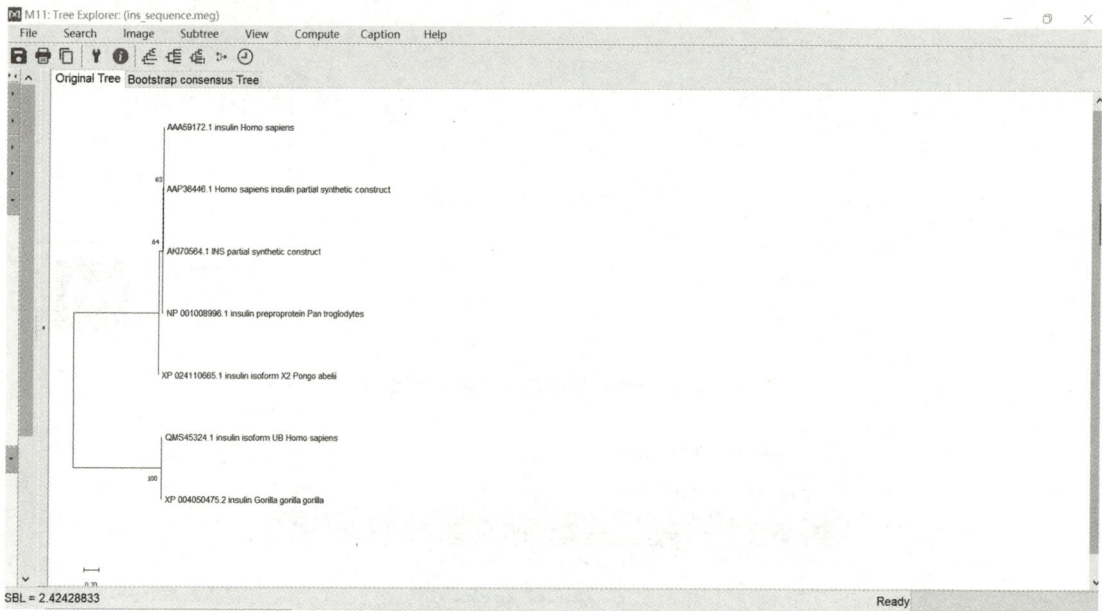

图6－9　进化树显示

（9）进化树的结果保存。MEGA的结果可以保存为图片：Image→Save as Image file，可输出为TIFF、PNG或PDF格式的图片。而点击菜单中的"File"则可以将结果输出为Newick格式，便于在其他工具中进行更复杂的调整和美化。在"File"选项下可以选择"Export Analysis Summary"保存本次分析的总结。

【给学生的学习建议】

可以尝试使用MEGA软件构建感兴趣的系统发育树。首先阅读MEGA软件附带的文件。其次阅读软件作者的文章，理解如何构建并解释系统发育树。最后自己动手构建和分析系统发育树。可以从公共数据库中获得相应的蛋白质、DNA或RNA的序列。

根据自己构建的系统发育树，说一说研究目标之间的亲缘关系及演化历程。以人和黑猩猩为目标，分析在系统发育树上两种之间的关系，并结合生命的演化历程，说明原因。

本章实践项目

【基础实践项目】

请以胰岛素的基因序列重新用 NJ 法构建基因序列的进化树，与本章中用蛋白序列构建的进化树进行对比。

【情境模拟实践项目】

请分析源自猪、你和羊的胰岛素哪一种更适合于人使用，说明理由并画出进化树。

【拓展实践项目】

请探索在线进化树工具 phylogeny. fr 构建胰岛素的进化树。

书网融合⋯⋯

题库

第七章 基因组学

PPT

人类基因组计划（HGP）解锁了生命科学的全新世界。基因组（Genome）一词最初是由"GENe"和"Chromosome"两个词合并而成，用于表示生物体所含的全部 DNA 的集合。广义的基因组学则被认为是生物体所具有的携带遗传信息的遗传物质的总和，包括所有的基因和基因间的区域。

学习目标

通过学习本章你应该能够：

- 能理解基因组学的定义。
- 能解释人类基因组计划。
- 能在数据库中查找基因组的完整信息。

7.1 基因组学概述

基因组学（Genomics）是在基因组水平上研究基因结构和功能的科学。基因组学研究的内容包括基因的结构、组成、表达模式、调控方式、基因的功能及相互作用等。基因组学研究一般可分为三个子领域。

（1）结构基因组学（Structural Genomics） 以确定基因组的结构、组成及基因定位为研究目标的一个分支。

（2）功能基因组学（Functional Genomics） 以鉴定基因功能、利用结构信息全面分析确认基因功能为研究目标的一个分支。

（3）比较基因组学（Comparative Genomics） 以比较为方法，进一步分析不同物种的基因结构与基因组信息，揭示生物演化的方式与普遍性机制为研究目标的一个分支。将来自不同有机体的基因组进行比较，从而找出它们的显著差异和类似性，这种比较有助于鉴定基因组上重要的保守部分，了解功能和调节方式，也将提供很多关于演化，特别是关于水平基因转移现象的信息。

20 世纪 70 年代，DNA 测序（DNA – sequencing）技术的出现，使不同的物种的基因组测序结果相继完成，使得人类可以更好地研究、注释和说明这些基因序列的生物学意义，也为物种的演化、生命树的构建提供了数据基础。

7.1.1 第一个噬菌体和病毒的基因组

噬菌体是侵袭细菌的病毒。1976 年，Fiers 等人报道了第一个噬菌体 MS2 的基因组，含有 3569 个碱基对，只编码 4 个基因。1978 年，Fiers 团队又报道了第二个完整的病毒基因组 SV40，这个基因组包括 5224 个碱基对，编码 8 个基因，其中有 7 个基因编码蛋白质。1977 年，建立了 Sanger 测序法的 Sanger 及其团队完成了对噬菌体 X174 的测序，结果显示其有 5386 个碱基对，编码 11 个基因（Genbank NC_001422.1）。同时也惊讶地发现了以不同阅读框转录出的重叠基因的存在。

7.1.2 细胞器基因组

人类的线粒体是第一个被测序的细胞器全基因组。基因组中拥有 16595 个碱基对，编码 13 种蛋白质，2 种核糖体 RNA 和 22 种转运 RNA。在此之后的测序也发现，绝大多数的多细胞动物的线粒体基因组大小为 15 ~ 20kb。其相关信息均可以在 NCBI Genome 站点获得。目前已经完成测序的线粒体基因组中也有异常大的个例，如拟南芥的线粒体基因组足足有 367kb。

第一个报道的叶绿体基因组是烟草（*Nicotiana tabacum*），之后是苔类植物地钱（*Marchantia poly-morpha*）。基于目前的研究认为，大多数植物的叶绿体基因组大小在 60 ~ 200kb 之间（表 7 - 1）。

表 7 - 1　常见植物叶绿体基因组

物种	常用名	编号	大小（bp）
烟草	烟草	NC_ 001879. 2	155943
地钱	地钱	NC_ 001319. 1	121024
拟南芥	拟南芥	NC_ 000932. 1	154487
玉米	玉米	NC_ 001666. 2	140384
水稻	水稻	NC_ 001320. 1	134525

7.1.3 第一个真核生物基因组

1996 年由全球 100 个实验室参与，超过 600 个研究人员合作完成的第一个真核生物全基因组测序的生物是酿酒酵母（详见第二章核酸数据库）。同年，基因组研究所（The Institute of Genomic Research，TIGR）完成了第一个古细菌（*Methanococcus jannaschii*）的全基因组测序。在此之前还完成了出芽酵母的染色体测序及流感嗜血杆菌（第一个自由活体）的基因组测序工作。直到 1999 年人类 22 号染色体的常染色质部分被报道，标志着第一条人类染色体基本上完成测序。

7.1.4 人类基因组序列草图

人类基因组计划的初步完成，得到了人类基因组序列草图，这份草图由两个不同的组织在 2001 年分别公布，分别是国际人类基因组测序联盟（International Human Genome Sequence Consortium）以及由 Celera Genomics 领导的一个组织。两份草图都得出了相同的结论，即在人类基因组中仅包含 30000 ~ 40000 个编码蛋白质的基因，其余均不编码蛋白质，后续又将此数字进一步缩小到 20000 ~ 25000 个。2003 年，人类基因组计划完成，随后国际人类基因组单体型图计划（International HapMap Consortium）发起对人类基因组中常见 DNA 序列变异模式进行分类，以期揭示人类物种内的遗传和基因组差异的项目。之后，人类又完成了很多其他物种的全基因测序，如鸡、大鼠、狗、黑猩猩、牛以及尼安德特人等。

🔗 知识链接 --

中国科学家参与人类基因组计划 1% 的测序任务

1999 年 9 月 1 日，杨焕明院士出现在英国伦敦的第五次国际人类基因组战略研讨会。他在 5 分钟的发言时间里侃侃而谈，向国际同行介绍中国的测序能力和实验室建设等方面的相关情况，为中国争取到了人类 3 号染色体短臂上 3000 万个碱基对的测序任务。测序量约占整个人类基因组计划的 1%。虽然只是 1%，但中国作为唯一的发展中国家，成为国际人类基因组计划的第 6 个参与国，赶上了这趟世纪之交的"末班车"。

7.2 人类基因组

7.2.1 人类基因组计划

1988 年，美国国家研究委员会（The US National Research Council）提出的人类基因组计划，于

1990 年正式启动，旨在建立人类基因组的遗传、物理和序列图谱。最初计划用 15 年的时间完成，但随着测序技术的快速发展，到 2003 年已初步完成。该项目最初的目标如下。

（1）鉴定人类 DNA 中的基因。

（2）确定组成人类 DNA 的化学碱基对的序列。

（3）将该遗传信息存储在数据库中。

（4）改进数据分析的工作。

（5）向个人应用转化。

（6）讨论解决项目中可能产生的伦理、法律和社会问题（ELSI）。

知识扩展

一个完整的人类编码蛋白基因，应该包括以下内容。

上游基因与基因表达调控相关的序列（TATA 框，CAAT 框，启动子以及 CpG 岛等）；转录起始位点（trascription start site，TSS）；5′非翻译区（5′– untranslated region，5′– UTR）；起始密码子 ATG；外显子；内含子；3′– UTR；转录终止子（transcription termination site，TTS）；加尾信号（polyadenylation signal）。

人类基因组计划无疑成功地完成了预期的目标，在此过程中一些模式生物的基因组测序工作也相继展开，如酵母（*Saccharomyces*）、线虫（*Caenorhabditis elegans*）、果蝇（*Drosophila melanogaster*）和小鼠（*Mus musculus*）。直至今日，人类基因组计划的成果仍在不断地向个人应用层面转化，而 ELSI 研究的问题也在逐步深入。ELSI 中最受关注的几个问题如下。

（1）谁拥有基因信息？

（2）谁有权获得基因信息？

（3）基因组信息对少数群体有哪些影响？

（4）新的生殖技术会带来什么样的社会问题？

（5）如何管理遗传检查，如何判断其合法性和可靠性？

知识扩展

人类基因组图谱展示的是人类基因的共性，但人与人之间的不同，很大程度上是 DNA 上的微小差异。单核苷酸多态性（SNP）研究针对的就是此问题，研究不同个体 DNA 序列上单个碱基的差异。2002 年，中国启动了"中华民族基因组 SNP 研究"。几乎在同一时间，中国、美国、加拿大、日本、英国等发起了国际人类基因组单体型图（HapMap）计划，中国方面承担人类 3 号染色体、21 号染色体及 8 号染色体短臂单体图的构建工作，任务量约占总计划的 10%。2005 年，HapMap 计划成果在 *Nature* 杂志以封面故事发表，其中由中国科学家完成的 21 号染色体覆盖率和 SNP 密度名列国际协作组第一名。

7.2.2 人类基因组计划的主要结论

经过多年的后续补充研究，目前的人类基因组计划得到了以下主要结论。

（1）在人类基因组中一个修正的估计表明，约有 20300 个蛋白质编码基因（IHGSC，2004，Ensembl. org）。这一结果远小于人类的预期，也引发了对非蛋白编码序列的思考和研究。

（2）人类蛋白质组编码的蛋白质较无脊椎动物复杂程度高，蛋白质结构域组合更为多样。这也说明人类 mRNA 转录本在加工过程中，可通过可变剪切表现出更大的复杂性。

（3）人类基因组中有数以百计的基因是从细菌中通过横向转移而来，这些基因与细菌的序列同源，但与其他动物不同源。由此衍生的人体微生物学研究，涵盖了人体内寄居的细菌、病毒等的基因组和蛋白质组。

📎 知识链接 --

我国基因组主要成就

　　2007 年 10 月，第一个中国人基因组图谱"炎黄一号"绘制完成并发表在次年的《Nature》杂志上。

　　2008 年 11 月，中国科学家完成的第一个亚洲人基因图谱研究成果。

　　2009 年 12 月，来自中国的《构建人类泛基因序列图谱》，首次提出了"人类泛基因组"概念。

　　2010 年 10 月，"千人基因组计划"取得第一阶段成果：迄今为止最详尽的人类基因多态性图谱，标志着人类基因研究进入一个划时代的新阶段。

　　当前，中国深圳的华大基因研究院、美国布罗德研究所（Broad）和英国桑格中心（Sanger）一起被公认为世界上测序能力最强的三大基因组研究机构。

（4）超过 98% 的人类基因组不含编码蛋白质的外显子。在这些非编码的区域中大部分被重复的 DNA 元件所占据。近年来，DNA 元件百科全书计划（ENCODE）已建立了深度富集人类基因组功能元件的目录，对普遍性转录获得进行了分类。在这个计划中不仅定义了编码基因和非编码基因的结构，还定义了诸多染色质修饰等不同的生化信号。

（5）人类基因组中的片段扩增比其他生物如果蝇、酵母等更为普遍。尤其是在中心体周围和端粒下区，这种片段扩增更容易发生。研究发现人类基因扩增主要有三种方式。

1）串联扩增：局部区域内一段序列的多次复制，较罕见。

2）处理后的 mRNA 通过逆转录转座引起的扩增，在一个或多个位点产生无内含子的旁系同源基因。

3）染色体的大片段向另一位点转移时发生的片段扩增，也是最普遍的片段扩增。

人类基因组是智人（Homo sapiens）DNA 的完整集合。2003 年的人类基因组计划获得初步成功，报道了人类基因组草图的序列与分析。以人类单倍体核基因组（24 个 DNA 分子组成：22 条常染色体和 X 染色体、Y 染色体，1 条染色体为 1 个 DNA 分子）为分析目标。共得到约 32 亿个 DNA 碱基对，且发现基因在人类基因组中并不是均匀分布的，其中约 20% 的人类基因组是几乎没有基因的沙漠地区（通常指长度超过 500kb 而不含基因的区域）。同时也有很多基因密集区。其中人类的第 17 号染色体基因密度最高，达 12.6 个基因/Mb；而 Y 染色体基因密度特别低，只有 0.9 个基因/Mb。最大的 1 号染色体 DNA，长约 250Mb，约占全基因组的 8%；最小的 21 号染色体 DNA，长约 48Mb，只占全基因组的 1.5% 左右。人类基因组中的编码蛋白序列的总长度约为 35Mb，只有人类基因组的 1% 左右。

关于人类基因组计划的更多信息可以在人类基因组计划的网站中查看：https：//web. ornl. gov/sci/techresources/Human_ Genome/project/index. shtml 。

7.2.3 获得人类基因组数据的网站

获得人类基因组信息的主要网站有 NCBI、Ensembl 和 UCSC。

（1）NCBI　NCBI 的 Genome 中包含有关基因组的全部信息，序列、图谱、染色体、组装及注释等内容（图 7 - 1）。在其"Custom resources"部分含有 Human Genome（人类基因组）、Microbes（微生物）、Organelles（细胞器）、Viruses（病毒）和 Prolaryotic reference genomes（原核参考基因组）。在 NCBI 中可以从 Genome 主页上选择"Human genome resources"（人类基因组资源），这个选项中包含各染色体及相关资源的链接（图 7 - 2）。

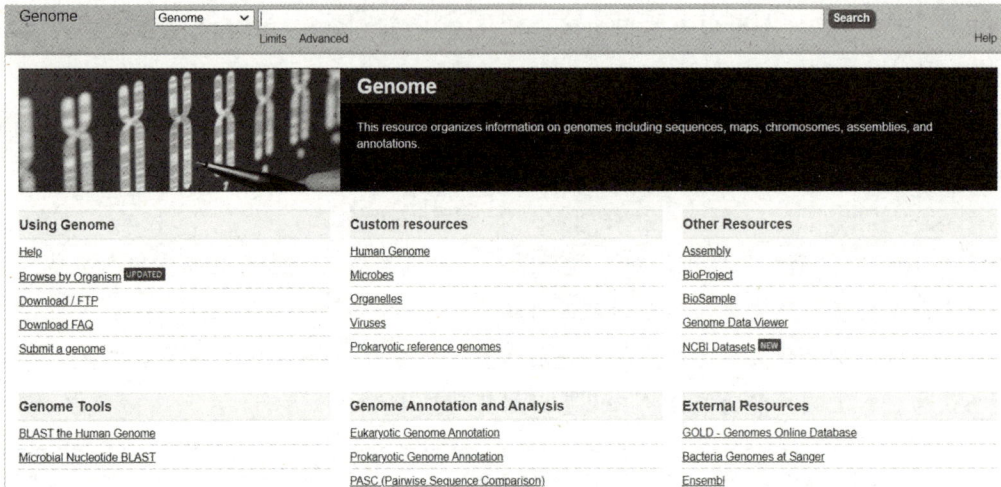

图 7 - 1　NCBI 中 Genome 主页

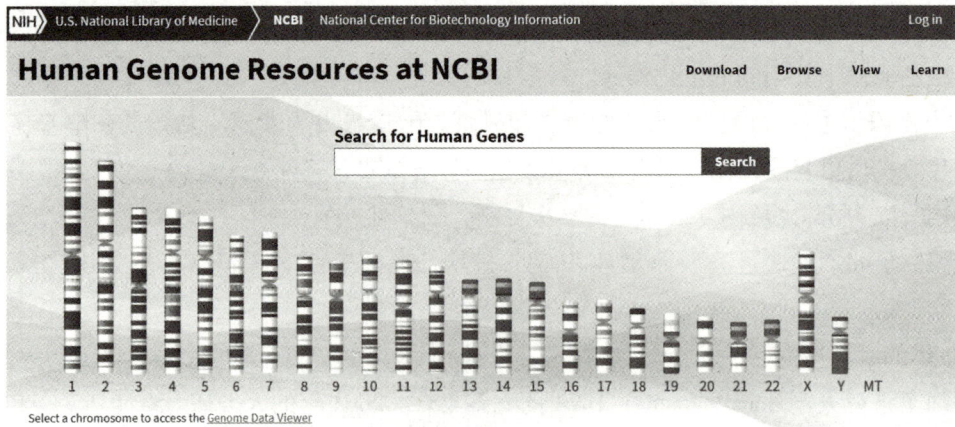

图 7 - 2　NCBI 中人类基因组信息

（2）Ensembl　Ensembl 中包含人类基因组和其他物种基因组的全面信息，更容易获得基因的注释信息，同时还能有效地与广泛的基因组工具进行链接。人类基因组数据库见 http：//asia. ensembl. org/Homo_ sapiens（图 7 - 3）。

除 NCBI 和 ENsembl 外，UCSC（University of California at Santa Cruz）人类基因组浏览器也可以获得人类及其他动物基因组信息。在 UCSC 中，人类基因组序列被注释为黄金路径（Golden path），在此网站中可以容易地查询获取人类基因组序列信息。

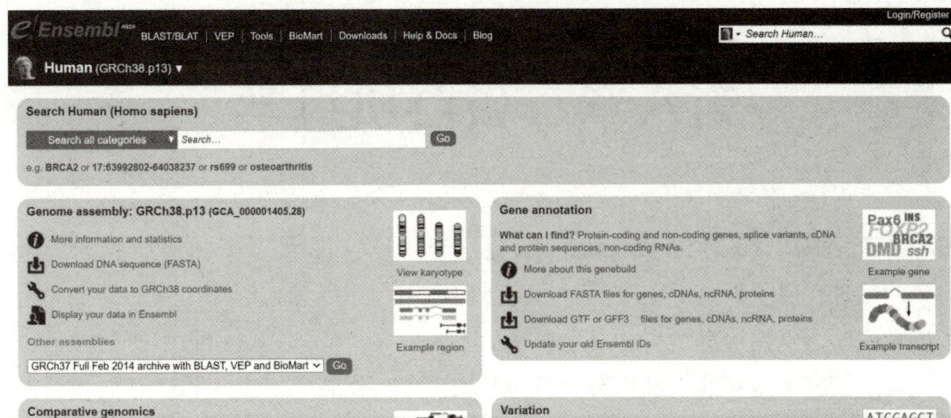

图 7 – 3　Ensembl 中的人类基因组信息

【对学生的学习建议】

在 NCBI、Ensembl 或 UCSC 中查找人类基因组，比较各条染色体上的基因信息特征，并选择一条感兴趣的染色体，根据文献及其他信息分析其含有的与人类健康相关的基因。

想一想人类基因组计划及对全物种的基因进行测序会对人类科学产生哪些影响，哪些已经开始直接影响当代的生活，你如何看待这种影响？

你最想了解哪个物种的基因组，并说明原因。

本章实践项目

【基础实践项目】

请在人类基因组信息相关网站中查询任意一条染色体的上的基因信息。

【情境模拟实践项目】

任选一种常见的致病微生物，查找并初步分析其基因组信息。

【拓展实践项目】

请探索单细胞组学相关数据库，如 Cell Taxonomy、DSMNC 或 CROST 的使用。

书网融合……

题库

第八章　蛋白质组学

人类基因组图谱完成后，科学家意识到，绝大多数基因及功能还需要从蛋白质水平予以诠释和解读，蛋白质组学的出现开启了后基因组时代。目前蛋白质组学正以惊人的速度渗透到生命科学的各个领域，也促进了生命科学、生物信息学、合成生物学的不断发展。我国在蛋白组学研究方面也取得了许多令人鼓舞的研究成果，越来越多的基础科研人员与临床医务工作者以极大的热情开展蛋白质组研究。学习蛋白组的基本内容与技术方法为从事基础生命科学研究及相关领域的研究提供帮助。

学习目标

通过学习本章你应该能够：

- 能理解蛋白质组学的研究范畴。
- 能提供蛋白质功能的定义。
- 能从生物信息学角度描述蛋白质的理化性质。

8.1 蛋白质组学概述

在后基因组时代，蛋白质组学应运而生，其目的是识别和研究人体或其他生物组织/细胞样本中的一整套蛋白质的表达，进而揭示蛋白表达的变化，以阐明生命科学相关的问题。根据中心法则（Central Dogma），基因组到转录组到蛋白组是生物信息越发完善化复杂化的过程，也增加了蛋白组学研究的难度。

在研究初期，"蛋白质组是指基因组的所有蛋白质组合"，这是 1995 年 Marc Wilkins 与其同事在 *Electrophoresis* 上发表的文章中的描述。随后 Wilkins 在另一篇文章中重申了该定义：作为"'基因组计划'概念的延伸，'蛋白质组计划'是旨在识别和表征细胞或组织中存在的蛋白质并定义其表达模式的研究。"

蛋白质组学（Proteomics）采用高通量和大规模的研究手段，从整体的角度分析细胞内动态变化的蛋白质组成成分、表达水平与修饰状态，了解蛋白质之间的相互作用与联系，揭示蛋白质功能与细胞生命活动规律，最终达到构建出细胞的"功能图"的目的。蛋白质组学是研究细胞、组织或生物体蛋白质组的组成及其变化规律的科学，旨在阐明生物体内全部蛋白质的表达模式及功能模式。

在本书第三章中已经介绍了如何从数据库中获取蛋白质信息，UniProt 数据库中各个子库可以提供丰富的蛋白信息，同时人类蛋白质参考数据库（Human Protein Reference Database，HPRD）也提供了经专家校正过的蛋白质。

以上的蛋白质数据的获取和注释都是在人类蛋白质组组织（Human Proteome Organization，HUPO）的标准倡议下完成的。蛋白质组学标准的倡议（Proteomics Standards Initiative，PSI）旨在规范蛋白质组学数据展示的标准，便于数据的比较、共享和验证。目前 HUPO – PSI 在三个领域成立了工作组，分别制定行业指南、数据格式和受控（Controlled）词汇。这三个领域分别介绍如下。

（1）在质谱和蛋白质组学信息学领域已经发布了关于质谱相关主题的指南，如定义了能描述一个蛋白质组学实验、鉴定和定量的最低信息标准。

（2）蛋白质的分离指南中包括蛋白质的凝胶电泳、凝胶信息、毛细管电泳、色谱等多种分离手段。

（3）在蛋白质分子相互作用指南中包括能描述一个分子相互作用实验所需的最低信息量的标准。

🔗 知识链接

　　中国人类蛋白质组计划（Chinese Human Proteome Project，CNHPP）于 2014 年 06 月 10 日全面启动，是我国科学界乃至世界生命科学领域具有里程碑意义的大事。该计划是以重大疾病的防治需求为牵引，发展蛋白质组研究所需的关键设备与技术，以绘制人类蛋白质组生理和病理精细图谱为初级目标，构建人类蛋白质组"百科全书"。CNHPP 产生的大数据将全景式地揭示人体蛋白质组成及其调控规律，解读人类基因组这部"天书"。在多种病理状态下呈现蛋白质组的变化，揭示疾病的发病机制和病理过程，挖掘新型诊断标志物、治疗靶点和创新药物，为全面提高疾病防诊治水平提供新策略、新手段。

　　注：我国科学家构建了人类第一个器官（肝脏）蛋白质组图谱，出版了人类首个器官蛋白质组"百科全书"，相关数据得到了国际著名专业机构的认同及广泛使用。

　　蛋白质组学的一个核心网站是 Expert Protein Analysis System（ExPASy）（图 8-1），网址为 https://www.expasy.org/。ExPASy 是瑞士 SIB 生物信息学研究所的生物信息学资源门户网站。它是一个可扩展的综合门户网站，可访问由 SIB 集团开发的 160 多个数据库和软件工具。ExPASy 提供了关于蛋白质分析、基因组学、影像学及其他分析的功能强大的在线服务器。支持从基因组学、蛋白质组学和结构生物学到进化和系统发育的一系列生命科学和临床研究领域，以及系统生物学和医学化学。

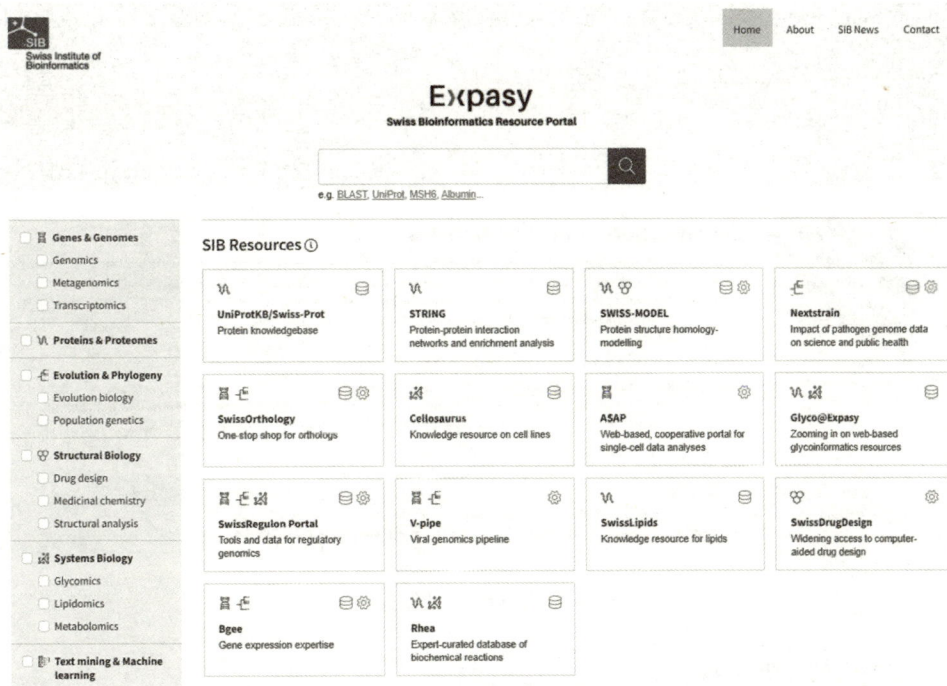

图 8-1　ExPASy 主页

8.2 蛋白质的四个方面

8.2.1 蛋白质结构域和模体——蛋白质的模块性质

在蛋白质数据库中分析蛋白质时，常有以下关于蛋白质结构特征或区域描述的各种名词：特征信号（Signature）、结构域（Domain）、模块（Module）、模块元件（Modular element）、折叠子（Fold）、模体（Motif）、模式（Pattern）或重复（Repeat）。这些术语的定义都不尽相同，但都涉及多个蛋白质序列分析的特征。表8-1列举了InterPro数据库对蛋白质家族及相关术语的释义。

表8-1 InterPro数据库中关于蛋白质结构部分术语的释义

名词	释义
家族（family）	一个蛋白质家族是指共享一个共同的进化起源的蛋白质集合，它们在相关功能、序列，或一级、二级或三级结构都有相似性
结构域（domain）	结构域是在不同的生物背景下可能存在的具有独特功能、结构或序列单元
重复（repeat）	在InterPro中能匹配上相应条目，是一段在一个蛋白质中重复出现的短序列
位点（site）	在InterPro中能匹配上相应条目，是一段包含一个或多个保守氨基酸残基的短序列

InterPro数据库（图8-2）通过将蛋白质分类为家族并预测结构域和重要位点来提供蛋白质的功能分析。InterPro使用了由组成InterPro联盟的几个不同数据库（称为成员数据库）提供的预测模型，并将这些成员数据库中的蛋白质特征组合成一个单一的可搜索资源，利用它们各自的优势，生成一个强大的集成数据库和诊断工具。InterPro在整合多个数据库的同时，去掉了冗余，提供了一个统一的接口，用来对序列进行功能注释。

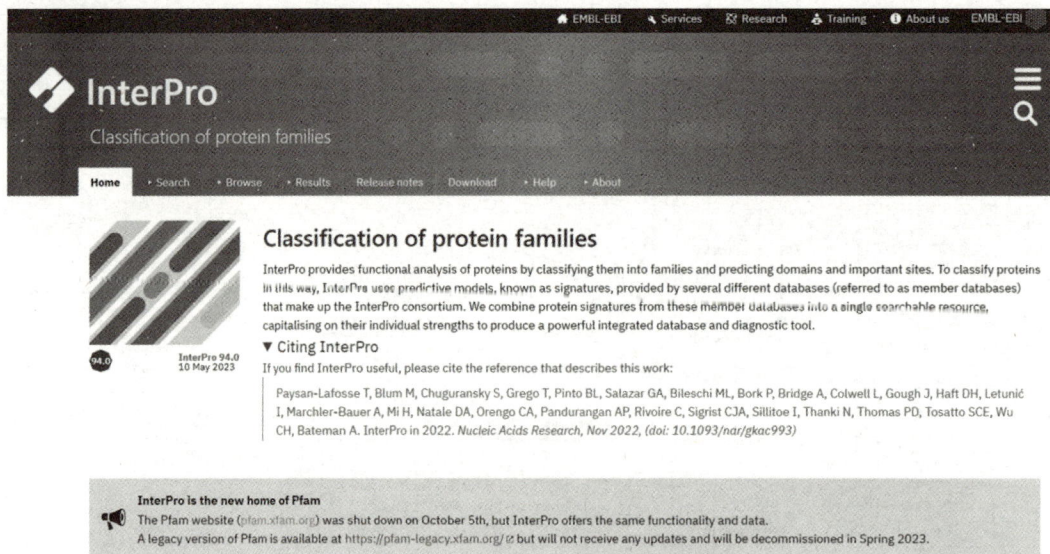

图8-2 InterPro数据库主页

InterPro的主要成员数据库如下。

（1）CATH-Gene3D（URL：http：//www.cathdb.info/） 一个免费、公开的在线资源数据库，提供有关蛋白质结构域进化的关系信息。类型（C）、构架（A）、拓扑学（T）和同源超家族（H）组成的CATH数据库是从蛋白质数据库下载的蛋白质结构，以蛋白质结构域的层次来组织分类，Gene3D使用CATH中的信息来预测公共数据库中数百万个蛋白质序列上结构域的位置，并能够在CATH-Gene3D

数据库中添加额外的注释。CATH – Gene3D 中的同源超家族通常在功能和结构上是多样的。

（2）CDD（Conserved DomainDatabase，URL：https：//www. ncbi. nlm. nih. gov/cdd）　保守结构域数据库用于注释蛋白质中的功能单元的资源。代表分子进化中保守的蛋白质结构域的序列比对和图谱的集合。CDD 还包括结构域与 MMDB 数据库中已知的三维蛋白质结构的比对。

（3）MobiDB（URL：https：//mobidb. org/）　内在无序蛋白质的知识库。MobiDB 聚集了来自文献和实验证据的紊乱注释，以及对所有已知蛋白质序列的预测。MobiDB 通过处理和组合互补的信息源，生成新的知识，并捕捉无序区域的功能意义。

（4）HAMAP（High – quality Automated and Manual Annotation of Proteins，URL：https：//hamap. expasy. org/）　HAMAP 是一个对蛋白质序列进行分类和注释的系统；包括用于蛋白质分类的手动策划的家族概况的集合，以及指定适用于家族成员的注释的相关手动创建的注释规则。HAMAP 用于通过 UniProt 的自动注释管道对 UniProtKB 中的蛋白质记录进行注释。

（5）PANTHER（Protein ANalysis THrough Evolutionary Relationships，URL：http：//www. pantherdb. org/）　PANTHER 数据库的使命是通过提供有关蛋白质编码基因家族进化特别是低蛋白系统发育、功能和影响该功能的遗传变异的全面信息，支持生物医学和其他研究。PANTHER（蛋白质进化关系分析）分类系统旨在对蛋白质（及其基因）进行分类，以促进高通量分析。PANTHER 的核心是一个全面的、带注释的基因家族系统发育树"文库"。

（6）PIRSF（URLhttps：//proteininformationresource. org/pirwww/dbinfo/pirsf. shtml）　PIRSF 分类系统是基于整个蛋白质而不是基于组成结构域；因此，它允许注释一般的生物化学和特定的生物功能，以及在没有明确定义的结构域的情况下对蛋白质进行分类。PIRSF 概念正被用作指导原则，以将 UniProtKB 序列提供全面且不重叠的聚类，从而反映其进化关系。

（7）PRINTS（Fingerprint，URL：http：//www. bioinf. man. ac. uk/dbbrowser/PRINTS/）　为蛋白质家族指纹的集合。可用于蛋白质功能的分析和研究。由于匹配的模体提供的生物学背景，这些模体组合在一起在诊断上比单个模体更有效。

（8）ProDom　是建立在 Swiss – Prot、TrEMBL 数据库基础上的蛋白质结构域家族的数据库，经过自动编辑，由同源结构域组成。

（9）PROSITE（URL：https：//prosite. expasy. org/）　该数据库由大量具有生物学意义的特征组成，这些特征被描述为模式或轮廓；包括描述蛋白质结构域、家族和功能位点的文档条目，以及识别它们的相关模式和图谱。

（10）SMART（Simple Modular Architecture ResearchTool，URL：http：//smart. embl. de）　提供蛋白质结构域的简单识别和广泛注释以及蛋白质结构域结构探索的网络资源。SMART（一种简单模块化体系结构研究工具）允许识别和注释遗传移动域以及分析域体系结构，可检测在信号传导、细胞外和染色质相关蛋白中发现的 500 多个结构域家族。这些结构域在系统分布、功能类别、三级结构和功能重要残基方面得到了广泛的注释。

（11）SUPERFAMILY（URL：http：//supfam. org/）　超家族；是一个所有蛋白质和基因组的结构和功能注释数据库。超家族注释基于一组隐马尔可夫模型，这些模型代表了 SCOP 超家族水平上的结构蛋白结构域。一个超家族将具有进化关系的领域组合在一起。

（12）TIGRFAMS（TIGR defined protein families）　蛋白质家族定义数据库。TIGRFAMs 是一种由精心策划的多序列比对、用于蛋白质序列分类的隐马尔可夫模型（HMM）以及旨在支持（主要是原核）蛋白质自动注释的相关信息组成的资源。可通过 URL：http：//www. jcvi. org/cgi – bin/tigrfams/index. cgi

访问。

　　蛋白质组数据库中一般认为，特征信号可以确定一个蛋白的分类，可指一个结构域、家族或模体。结构域是蛋白质中能折叠成特定三维结构的一段区域，一组享有一个结构域的蛋白被认为归属于一个蛋白质家族。许多蛋白质结构域被进一步分类成基于结构域的亚细胞定位和基于结构域的空间结构。模体通常是蛋白质结构域的子集，也称指纹（Fingerprint），是蛋白质中短的、保守区域。人类基因组中编码的蛋白质中最常见的 10 个结构域分别是：①含有三磷酸核苷酸水解酶的 P - 环（InterPro ID：IPR027417）；②免疫球蛋白样结构域（InterPro ID：IPR007110）；③锌指 C_2H_2 类型（InterPro ID：IPR007087）；④锌指类 C_2H_2 类型（InterPro ID：IPR015880）；⑤GPCR（InterPro ID：IPR017452）⑥G 蛋白偶联受体（InterPro ID：IPR027417）⑦免疫球蛋白亚型（InterPro ID：IPR003599）⑧免疫球蛋白 V 型（InterPro ID：IPR013106）⑨类蛋白激酶结构域（InterPro ID：IPR011009）⑩蛋白激酶（InterPro ID：IPR000719）。在许多情况下，共享一个结构域的两个蛋白质也共享一个功能的功能。

8.2.2 蛋白质的物理性质

　　通过物理性质也可以描述蛋白质，如蛋白质的等电点（pI）、分子量、翻译后修饰的方式、沉降系数、斯托克斯半径和跨膜区结构域。这些物理性质可以用来识别或推测蛋白质的功能，而这些物理性质均取决于蛋白质内氨基酸的固有性质与翻译后修饰过程。我们所熟知的 20 种氨基酸中有 15 种发生超过 200 种翻译后修饰，这些修饰方式多会影响蛋白质的物理性质，如棕榈酰化和豆蔻酰基化修饰可以让疏水基团与蛋白质共价结合，使得蛋白质能插入脂质分子层，影响蛋白质的功能。

　　目前有一系列网站可用于预测和评价蛋白质的物理性质。在网页中输入蛋白质的序列就可以预测其物理性质，包括分子量（mass）、等电点（pI）、氨基酸组成、糖基化位点、磷酸化位点等。如在 ExPASy 的 Compute pI/Mw 中输入"MNLLCCCCCSNMAPNQRVTR KWELFAGRNK FYCDGLLMSA PHTGV-FYLTC IL"序列，即得到图 8 - 3 所示结果。

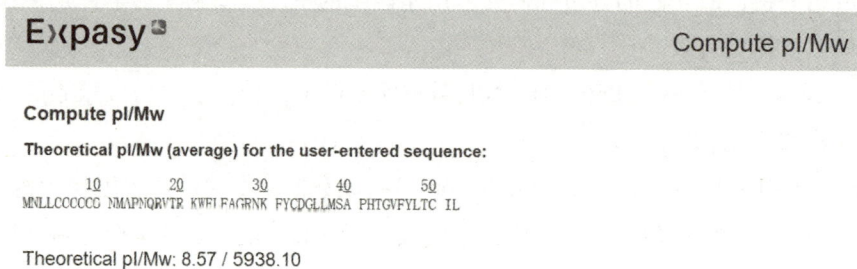

图 8 - 3　ExPASy 中蛋白质等电点和分子量预测结果图

✐ **知识链接** -

斯托克斯半径

　　斯托克斯半径由斯托克公式所得，其定义为与蛋白质水合动力学大小等效的球体半径。斯托克斯半径对蛋白的理化性质有重要影响。

8.2.3 蛋白质的定位

　　蛋白质在细胞中的定位是其基础特性之一。蛋白质主要在 mRNA 的核糖体上合成，也可以在细胞质中合成。合成后的蛋白质执行的功能各异，因此在胞内和胞外的位置也不同。如在内质网中，蛋白质可能会通过分泌途径被转移到高尔基体，然后再转移到更多的目的地。若蛋白质需分泌到细胞外执行功能，则需要通过囊泡实现转运。这些囊泡的尺寸通常在 75～100nm，它们将可溶的或是被限制在磷脂层中的蛋白运送到制定的位置。而对于膜联蛋白（Annexins），并不是单一地被确定在细胞的一个固定位置，它在胞质和膜之间进行转移，而这种转移运动取决于是否有相应动态调节细胞信号的存在。

很多网站可以预测蛋白质序列的细胞定位，如 WoLF PSORT 服务器提供基于网络的查询形式来预测蛋白质的亚细胞位置，该程序通过检索蛋白质的分选信号、氨基酸组成和功能模体及其他特征从来分析预测蛋白质的定位信息。

由于细胞的磷脂双分子层的特殊结构为在跨膜区域的蛋白质研究增加了许多挑战。磷脂双分子层中的面向细胞内的亲水极性头部和面向疏水内部脂质核心的极性尾部的结构的存在，而能够跨越该膜的蛋白需能最小化极性氨基酸残疾与疏水核心之间的作用力。因此跨膜区蛋白质的二级结构常包括跨膜 α 螺旋（通常为 20～25 个残基长度）或跨膜 β 链形成的 β 片（通常为 9～11 个残基长度）。TMHMM 是目前应用较多的预测跨膜结构域的程序之一，其基于隐马尔科夫模型，模型状态包括跨膜区域、球状区域、膜的细胞质和非细胞质侧的螺旋，运用此种算法预测蛋白质的拓扑结构。

📎 **知识链接**

隐马尔科夫模型

　　隐马尔科夫模型（Hidden Markov Model）是关于时序的概率模型，描述由一个隐藏的马尔科夫链随机生成不可观测的状态随机序列，再由各个状态生成一个观测从而产生观测随机序列的过程，隐藏的马尔科夫链随机生成的状态的序列，称为状态序列；每个状态生成一个规则，而由此产生的观测的随机序列称为观测序列。序列的每一个位置又可以看作是一个时刻。

8.2.4 蛋白质功能

以上内容已经从蛋白质结构或家族、蛋白质物理性质和蛋白质细胞定位描述了蛋白质的基本特征，这些特征都直接影响着蛋白质最重要的性质，即蛋白质的功能。蛋白质在细胞中所起到的作用即是其功能的具体体现。蛋白质是基因的产物，并作为生命活动的执行者，以不同的方式参与细胞的代谢，影响细胞的生长和凋亡。

每个蛋白质都有与其分子功能相关的生化功能。如酶，其生化作用是催化一种或几种底物发生酶促反应。而对于转运蛋白而言，其生化功能是将配体从一个位置转运到另外一个位置。当一个基因或基因组被测序后，绝大多数被预测的蛋白质是基于同源性被赋予相应的功能的，对未知蛋白的功能预测是基于同源性确定的。例如，一个假定的蛋白质与一个酶具有同源性，则可以暂时地预测此蛋白具有该酶相似的功能，但这种假设需要实验的进一步验证。这种基于同源性的预测结果，在不同物种间有所不同，如在细菌中很多球蛋白类似的蛋白，它们的功能与脊椎动物球蛋白是不一样的。

另一种预测蛋白质功能的方法是基于结构来预测的，如果一个未知功能蛋白的三维结构与一个功能已知的蛋白三维结构采取了相似的折叠方式，则可以推测其功能可能也类似。但结构上的相似并不能代表两者具有同源性。

所有蛋白质都是在其他蛋白质或分子存在的环境下行使功能。在定义蛋白质功能时，需要描述包括其配体（若该蛋白是一个受体蛋白）、底物（若该蛋白是一个酶）以及与其相互作用的其他分子。

在分析研究蛋白质功能中，酶是最大最主要的一类，1961 年，国际生物化学与分子生物学联合会（IUBMB）将所有的酶按照催化反应类型分成了六大类，2018 年在此基础上又增加了转位酶分类，因此现在共有七大种类的酶，分别是：氧化 – 还原酶（EC1）、转移酶（EC2）、水解酶（EC3）、裂合酶（EC4）、异构酶（EC5）、连接酶（EC6）和转位酶（EC7），EC 代表酶学委员会（Enzyme Commission）。

📎 知识链接 --

Gene Ontology

Gene Ontology 项目最初是由三个模式生物数据库：FlyBase（果蝇数据库 Drosophila）、t Saccharomyces Genome Database（酵母基因组数据 SGD）和 Mouse Genome Database（小鼠基因组数据库 MGD）整合而成。此后，GO 数据库不断发展扩大，现在已包含数十个动物、植物和微生物的基因组数据。

在蛋白质的研究中，本体（ontology）是一个描述性的概念，常用的 GO（Gene Ontology）是基因本体协会（Gene Ontology Consortium）建立的数据库，旨在通过一组动态而又可控的词汇来描述基因和基因的产物（主要是蛋白质）不同方面的性质，也称为 GO 注释（GO annotation）。基因产物是指一个基因编码的 RNA 或蛋白质。GO 中的注释内容针对的是基因产物而并非基因本身。GO 数据库不是以自身为中心来完成注释的，而是依靠强大的外部数据库的共享，这些外部数据库汇总收录的基因及其产物都可以用于 GO 注释。

GO 有 3 个主要的注释内容。

（1）分子功能（molecular function，MF）　主要描述基因产物分子所执行的功能，即其在分子生物学上的活性。GO 分子功能描述功能，但不能特异性地描述这些功能的时空信息。

（2）生物过程（biological process，BP）　主要描述基因产物所联系的一个宽泛的生物功能或其需要完成的一个宽泛的生物目标。生物过程是由分子功能有序地组成的，具有多个步骤的生物学途径，但一个生物学途径与一条生物学通路（pathway）并不完全相同。

（3）细胞组分（cellular component，CC）　主要描述基因产物发挥功能的位置，即基因产物（主要是蛋白质）的亚细胞定位。

基因及基因的产物通过注释被划分到不同的 GO 分类中，任何一个基因产物都可能涉及不止一个分子功能、生物过程或细胞组分。可以获得 Gene Ontology 数据的主要网址见表 8 – 2。

表 8 – 2　可获得 Gene Ontology 数据的主要网站

网址名称	描述	网址
AmiGO 2	源自伯克利果蝇基因组计划，用于搜索和浏览基因本体数据库的官方网络工具集	http：//amigo. geneontology. org/amigo
EBI 的 "QuickGO"	由欧洲分子生物学实验室（EMBL）和欧洲生物信息研究中心（EBI）开发	http：www. ebi. ac. uk/QuickGo
Cancer Gene Anatomy Project（癌症基因解剖计划，CGAP）GO 浏览器	由美国国家癌症研究中心（NIH）开发维护	http：//cgap. ncbi. nih. gov/Genes/AllAbout-GO
David 网站	基于 DAVID 基因概念构建的综合 DAVID 知识库提供支持，完成注释、可视化和综合发现的数据库（DAVID）为研究人员提供了一套全面的功能注释工具，以了解大量基因背后的生物学意义	https：//david. ncifcrf. gov/home. jsp
Agbase GO（农业动植物）	由 DictyBase 提供数据库架构和技术援助，MGI 提供手动管理问题和持续支持，EBI GOA 项目提供工具支持	https：//agbase. arizona. edu/index. html

8.3 蛋白质的鉴定技术

8.3.1 直接蛋白质鉴定技术

第一个蛋白质的测序是利用了酸水解胰岛素后用纸层析法来分离水解产生的肽，再利用二硝基苯基（dinitrophenyl，DNP）对产生的肽进行标记，从而鉴定氨基酸残基。由于此方法很费时、费力，故由Pehr Edman 首创的另一种方法，即 Edman 降解法，得到了更广泛的应用（图 8-4）。Edman 降解法是从氨基末端残基开始逐渐向羧基末端系统的降解蛋白质。图 8-4 中有 8 个氨基酸残基的蛋白片段，第一个氨基酸通过其氨基末端与异硫氰酸苯酯（PITC）反应后，在酸性条件下，携带 PTH 的该氨基酸残基会被切断并能被氨基酸分析仪所识别。以此循环进行，则可得到氨基酸的详细序列。应用此法时，待降解的蛋白质需要纯化到相对均匀的状态，可使用常规的离子交换、尺寸排阻、电泳等方法。

目前，Edman 降解法仍旧是蛋白质鉴定的基础方法之一，它可以鉴定一个完整蛋白的氨基末端（末端裸露时），但此方法也有一定局限性。

（1）方法耗费人力，不适用于高通量分析。

（2）此种方法的敏感度较质谱低。

（3）直接测序的方法不能用于对翻译后修饰的分析。

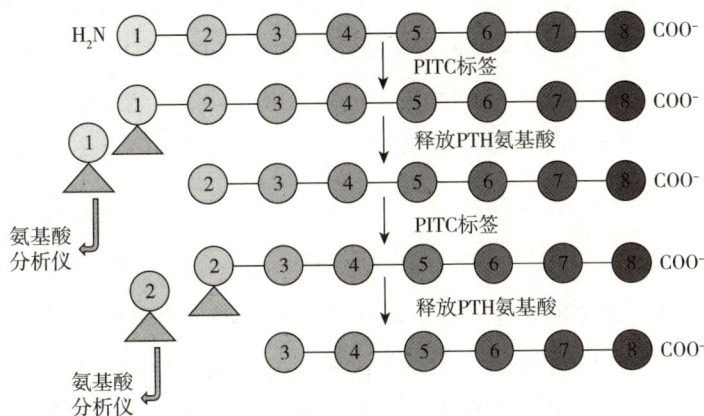

图 8-4 Edman 降解法进行蛋白质测序

8.3.2 二维电泳技术

二维凝胶电泳（2D PAGE）是两种不同分离类型的组合。第一维是等电聚焦电泳（IEF），是根据等电点（pI）实现蛋白质的分离。蛋白质是两性分子，它们的带电情况取决于其所处环境的 pH，等电点被定义为蛋白质净电荷为零时溶液的 pH。在蛋白混合物中，携带正电荷的蛋白向等电聚焦电泳的阴极移动，而带负电荷的蛋白则向阳极迁移，直到到达蛋白质的等电点时，蛋白不再迁移。也可以根据 IEF 的结果得到蛋白质等电点等信息。第二维则是通过聚丙烯酰胺凝集电泳完成，这是一种根据蛋白分子量的差异完成分离的过程。在聚丙烯酰胺形成的网状基质中，蛋白质的大小影响其迁移速率，分子量小的迁移快，分子量大的迁移慢，由此实现分离（图 8-5）。

二维凝胶电泳从两个维度实现对蛋白质的分离，已经成为一个对蛋白质组进行分析的重要技术手段。二维电泳的操作步骤主要包括样品的制备、等电聚焦电泳、SDS-PAGE 和电泳数据分析。样品制备环节需要将蛋白完全溶解、变性，转化为适合第一维 IEF 的物理化学状态。在 IEF 中选择合适的胶条

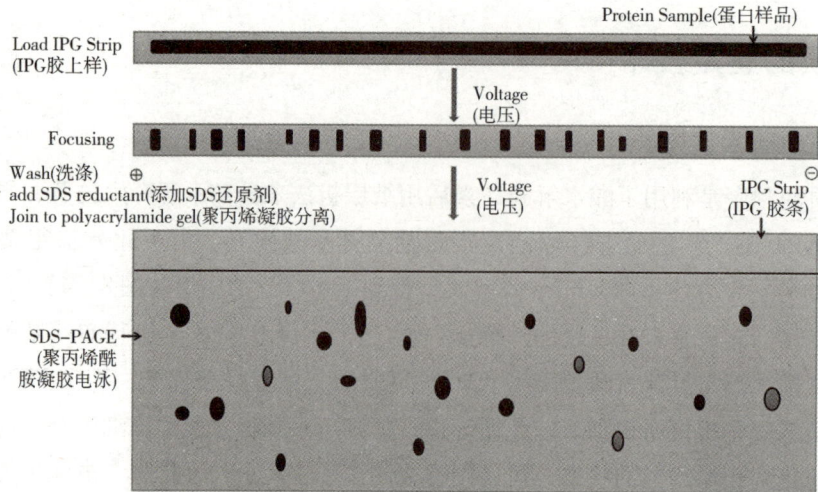

图 8－5　2D PAGE 示意图

和电泳条件十分重要。同时在 SDS－PAGE 中，SDS－PAGE 胶的浓度、电泳的条件等也会影响实验结果。在二维电泳结果分析中主要涉及以下步骤：染色（确定每个蛋白斑点的位置），扫描（获取数字化图像），以及斑点探测和定量分析。图像的质量（分辨率、尺寸）是准确测量斑点的重要因素，许多算法用来解析复杂的重叠蛋白斑点并且汇集成一个最终的斑点列表。为了研究蛋白质的差异表达，需要比较一系列二维电泳。然而，聚焦结果和电泳条件即使很微小的差别都可能导致不能准确地重复实验结果，因此一些复杂的算法就需要通过一系列凝集来追踪个别的斑点，这个过程就叫凝胶匹配。经二维电泳实验所得到的数据，储存在专门的二维电泳数据库里，其中包括数字化图像和与之相关的从蛋白斑点到相关注解的内容。

💡 知识扩展

　　同一个基因可以产生具有细微差异的多种蛋白质，这些蛋白被称为"兄弟"蛋白（蛋白质亚基）。"Proteoform"一词即指单个基因的蛋白产物可以在其中找到的所有不同分子形式，包括基于变异、选择性剪切、RNA 转录和翻译后修饰引起的变化等。目前，研究人员希望建立一组人类参考蛋白质存在形式（Proteoforms）的图谱，并希望完成整个人类蛋白质存在形式的图谱绘制。

8.3.3 质谱

　　基于质谱技术的蛋白质鉴定和定量是目前常用的蛋白质组研究方法之一，质谱是关键手段。质谱实验所得到的数据主要是离子在真空中质量与电荷的比值，它们主要用于确定精确的分子的质量。在蛋白质数据中，这些质量值可用于肽质量指纹图谱或碎片离子相关性搜索。此外，可以生成和使用肽阶梯，用来重新测定蛋白质序列。

　　质谱数据的缺点是对数据库中已有的序列可以得到可靠的信息，但不能保证总是正确地反映数据库中不存在序列的信息。在一些情况下，它也可以反映一些未知或未预料到的翻译后修饰的存在，可能由非特异性蛋白质水解和受污染的蛋白质产生。不完美的匹配结果可能是由于实验中的蛋白质没有在数据库中储存，但是有一个相关的同源序列存在。

　　表 8－3 整合了蛋白组学研究方法，在蛋白质鉴定中，特别是混合样本中，蛋白质的鉴定是蛋白组

研究中的重点之一，主要研究方法是联合各种分离程序，如凝胶电泳、色谱等，与质谱（mass Spectrometry，MS）结合进行蛋白质分析，并将分解后的氨基酸序列图谱与各种蛋白质的序列数据库进行比较。用于蛋白质定量的方法与用于鉴定的方法类似，在质谱的基础上，各种标记法可以提供混合样本中目标蛋白的相对浓度，如同位素标记相对和绝对定量（iTRAQ）及多反应监测（Multiple Reaction Monitoring，MRM）等。

表 8 - 3　蛋白质组特性、测定方法和蛋白质组覆盖率

蛋白质组特性	方法示例	方法的可靠性	潜在覆盖率	迄今为止蛋白组覆盖率
鉴定	质谱法	好	全面	有限
	抗体	一般	有限	
结构	X 射线	好	有限	小
	核磁共振	好	有限	
定量	质谱法	一般至好	全面	小
	抗体	一般	有限	
定位	免疫荧光	一般	有限	小
	荧光蛋白标记	一般至好	有限	
活性	酵母双杂交	差	非常有限	小
	融合	差		
	表面亲和力	差		

蛋白质的结构与功能密切相关，目前主要有两种结构研究方法：X 射线晶体学和"溶液"核磁共振（NMR）；另还有在 2017 年获得诺贝尔奖的低温电子显微镜技术。X 射线提供了精准且详细的空间信息，但由于 X 射线晶体学要求样品具有显著的宏观均匀性，即需要蛋白质纯化结晶，限制了 X 射线的研究范围。溶液 NMR 可测定的蛋白质浓度范围为 $0.1\sim5$ mmol/L，而绝大多数蛋白样品无法满足这个要求。

在蛋白质功能研究中，常用的定位研究方法包括免疫荧光和荧光蛋白标记，而活性研究中则常用酵母双杂交法。

🔖 **知识链接**

临床肿瘤蛋白质组学

蛋白质组学可以从整体上研究肿瘤的发病机制，寻找肿瘤诊断和预后的特异性标记以及药物治疗的靶点。蛋白质组学在临床肿瘤方面的应用主要有以下几点：

➤ 寻找差异性表达的蛋白质，旨在用于肿瘤标志物的筛选、早期诊断及预后评估等。

➤ 寻找肿瘤相关的蛋白质药物靶点，旨在用于药物设计与研发。

➤ 研究肿瘤的发病机制，通过分析肿瘤差异蛋白质参与的信号通路，揭示其分子机制。

【给学生的学习建议】

查找一个感兴趣的蛋白，结合本章中蛋白质的四个方面，从生物信息学的角度全面地描述该蛋白。尝试使用 ExPASy 网站检索收集关于这个蛋白的更多信息。

查找人类肝脏蛋白组研究计划及中国人类蛋白组计划，了解相关计划提出的背景及意义。特别是中国人类蛋白组计划的预期成果会对我国在生命健康研究方面有哪些影响，并谈谈你的想法及展望。

网络资源

关于蛋白质组分析的网络资源和工具，详见附表 8 -1。

附表 8 -1　蛋白组分析网络资源

用于分析蛋白质结构域的工具		
工具	注释	网址
InterProScan	EBI	http：www. ebi. ac. uk/Tools/pfa/iprscan
PRATT	EBI	http：www. ebi. ac. uk/Tools/pfa/pratt
Motif Scan	SIB	http：hits. isb - sib. ch/cgi - bin/PFSCAN
SMART	EMBL	http：smart. embl - heidelberg. de/
用于分析翻译后修饰的工具		
big - PI Predictor	预测 GPI 修饰位点	http：mendel. imp. ac. at/gpi/gpi_ server. html
Sulfinator	预测酪氨酸硫化位点	http：web. expasy. org/sulfinator/

本章实践项目

【基础实践项目】

1. 请在 ExPASy 网站中查找并分析一个感兴趣的蛋白组信息。

2. 请在 InterPro 成员数据库中完成对兴趣蛋白的信息收集。

【情境模拟实践项目】

临床上有一些疾病标志物蛋白，请根据本章所学内容任选一个完成信息检索和分析释义。

【拓展实践项目】

请探索 Proteome X change 数据库的使用。并选择任意一组数据进行 GO 分析。

书网融合……

题库

参考文献

1. Akalin PK. Introduction to bioinformatics [J]. Mol Nutr Food Res, 2006, 50 (7): 610 – 619.

2. Wooller SK, Benstead – Hume G, Chen X, et al. Bioinformatics in translational drug discovery [J]. Biosci Rep, 2017, 37 (4): BSR20160180.

3. Flicek P, Amode MR, Barrell D, et al. Ensembl 2014 [J]. Nucleic Acids Res, 2014, 42: D749 – 755.

4. Benson DA, Clark K, Karsch – Mizrachi I, et al. GenBank [J]. Nucleic Acids Res, 2015, 43: D30 – 35.

5. Sayers EW, Beck J, Bolton EE, et al. Database resources of the National Center for Biotechnology Information [J]. Nucleic Acids Res, 2021, 49 (D1): D10 – D17.

6. Kaas Q, Craik DJ. Bioinformatics – Aided Venomics [J]. Toxins (Basel), 2015, 7 (6): 2159 – 2187.

7. O'Leary NA, Wright MW, Brister JR, et al. Reference sequence (RefSeq) database at NCBI: current status, taxonomic expansion, and functional annotation [J]. Nucleic Acids Res, 2016, 44 (D1): D733 – 745.

8. Benson DA, Cavanaugh M, Clark K, et al. GenBank [J]. Nucleic Acids Res, 2013, 41 (Database issue): D36 – 42. Epub 2012 Nov 27.

9. Benson DA, Cavanaugh M, Clark K, et al. GenBank [J]. Nucleic Acids Res, 2018, 46 (D1): D41 – D47.

10. Sharma S, Ciufo S, Starchenko E, et al. The NCBI BioCollections Database [J]. Database (Oxford), 2019 Jan1, 2019: baz057.

11. Hinz U; UniProt Consortium. From protein sequences to 3D – structures and beyond: the example of the UniProt knowledgebase [J]. Cell Mol Life Sci, 2010, 67 (7): 1049 – 1064.

12. Apweiler R, Bairoch A, Wu CH. Protein sequence databases [J]. Curr Opin Chem Biol, 2004, 8 (1): 76 – 80.

13. Varadi M, Tompa P. The Protein Ensemble Database [J]. Adv Exp Med Biol, 2015; 870: 335 – 349.

14. Velankar S, Burley SK, Kurisu G, et al. The Protein Data Bank Archive [J]. Methods Mol Biol, 2021; 2305: 3 – 21.

15. Dubrofsky L, Tobe SW. Guideline Alignment in Related Areas [J]. Can J Cardiol, 2019, 35 (5): 606 – 610.

16. Alser M, Rotman J, Deshpande D, et al. Technology dictates algorithms: recent developments in read alignment [J]. Genome Biol, 2021, 22 (1): 249.

17. L? ytynoja A. Alignment methods: strategies, challenges, benchmarking, and comparative overview [J]. Methods Mol Biol, 2012, 855: 203 – 235.

18. Apostolico A, Giancarlo R. Sequence alignment in molecular biology [J]. J Comput Biol, 1998, 5 (2): 173 – 196.

19. Feolo M, Helmberg W, Sherry S, et al. NCBI genetic resources supporting immunogenetic research [J].

Rev Immunogenet，2000，2（4）：461 –467.

20. Doolittle WF. Phylogenetic classification and the universal tree ［J］. Science. 1999，284（5423）：2124 – 2129.

21. Whelan S. Inferring trees ［J］. Methods Mol Biol，2008，452：287 –309.

22. Yamakawa H，Hayashi M，Tanaka K，et al. Empyema due to Gemella morbillorum Is Diagnosed by 16S Ribosomal RNA Gene Sequencing and a Phylogenetic Tree Analysis：A Case Report and Literature Review ［J］. Intern Med，2015，54（17）：2231 –2234.

23. Ng PC，Kirkness EF. Whole genome sequencing ［J］. Methods Mol Biol，2010，628：215 –226.

24. Armstrong J，Fiddes IT，Diekhans M，et al. Whole – Genome Alignment and Comparative Annotation ［J］. Annu Rev Anim Biosci，2019，7：41 –64.

25. Koepfli KP，Paten B. Genome 10K Community of Scientists；O'Brien SJ. The Genome 10K Project：a way forward ［J］. Annu Rev Anim Biosci，2015，3：57 –111.

26. Youssef N，Budd A，Bielawski JP. Introduction to Genome Biology and Diversity ［J］. Methods Mol Biol，2019，1910：3 –31.

27. Del Giacco L，Cattaneo C. Introduction to genomics ［J］. Methods Mol Biol，2012，823：79 –88.

28. Paten B，Novak AM，Eizenga JM，et al. Genome graphs and the evolution of genome inference ［J］. Genome Res，2017，27（5）：665 –676.

29. Monti C，Zilocchi M，Colugnat I，Alberio T. Proteomics turns functional ［J］. J Proteomics，2019，198：36 –44.

30. Rozanova S，Barkovits K，Nikolov M，et al. Quantitative Mass Spectrometry – Based Proteomics：An Overview ［J］. Methods Mol Biol，2021，2228：85 –116.

推荐读物

1. 每年一月，《Nucleic Acid Research》都会初版生物信息资源的数据库专刊。（http：//nar. oxfordjournals. org）

2. 《Briefings in Bioinformatics》是一本国际顶尖的生物信息期刊，收录生物信息领域的最新成果。

3. 《生物信息学实验指导》包括分子序列数据库、数据库序列搜索、多序列联配、系统发生树构建、序列拼接与基因预测等共 10 个基础实验，可加深初学者对理论知识的理解。

4. 《Essential Bioinformatics》是生物信息学经典书籍之一。本书首先介绍了主题及其应用。序列比对、相似性搜索、隐马尔可夫模型、蛋白质基序和域预测等，包括生物信息学的所有可能的基础主题。

5. 《Bioinformatics for Dummies》是一本了解生物信息学原理的非常基础的书。本书共分为五个部分。每个部分都写得很简短，包含有关工具及其原理的完整详细信息。

6. 《生物信息学：序列和基因组分析》一书有助于理解对基因组测序、蛋白质组学和代谢组学生成的数据进行计算分析的方法。